cuisiner **chinois**
pas à pas

Chinese Cuisine
中式料理三步驟

道食譜
只要三步驟就能完成

作者：裘蒂・凡賽蘿（Jody Vassallo）
美編：亞美黎雅・瓦希里耶（Amelia Wasiliev）
拍攝：德特・魯尼（Deirdre Rooney）

Les ateliers Marabout

目錄

中式蔬菜

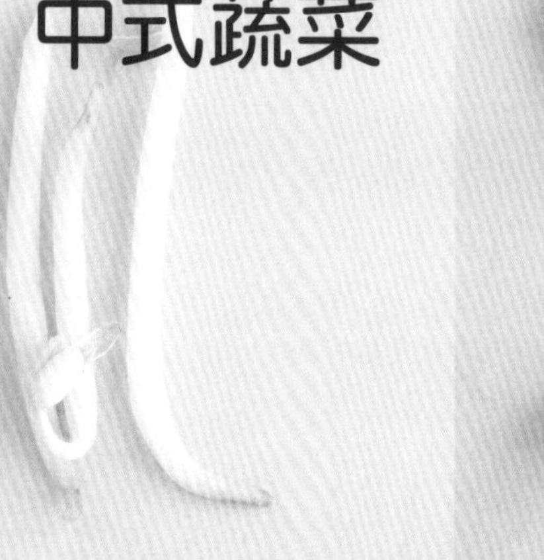
豆芽菜

秀珍菇

青江菜

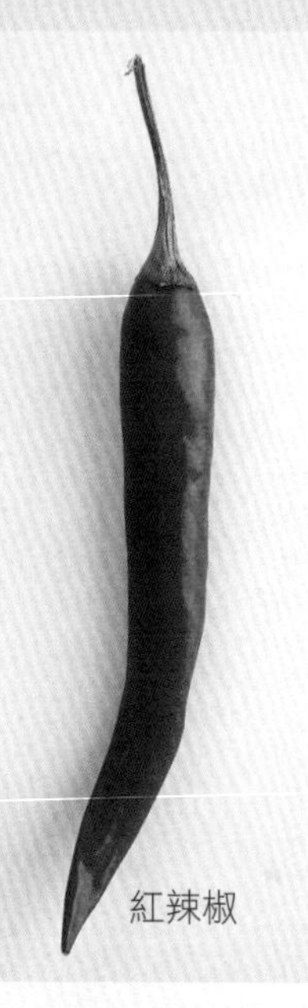
紅辣椒

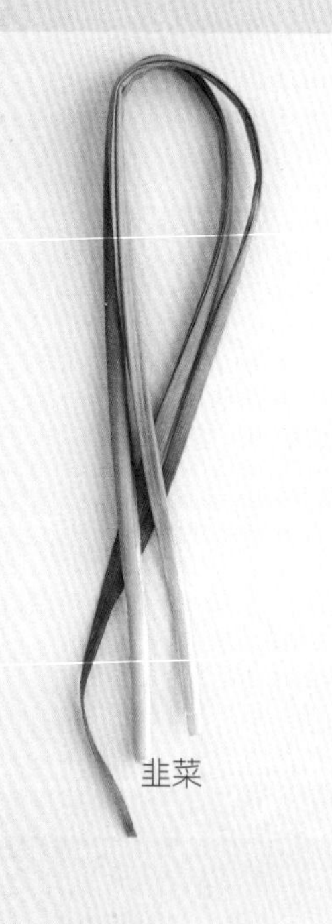
韭菜

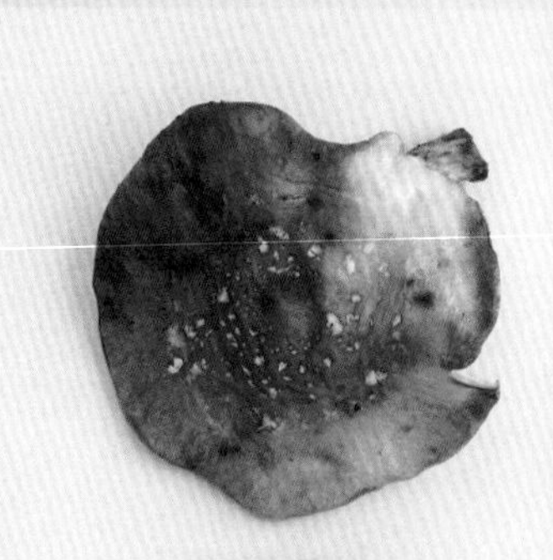

香菇

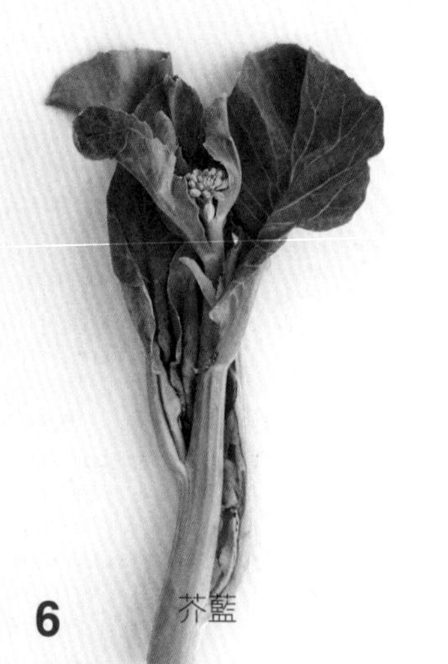
芥藍

荷蘭豆

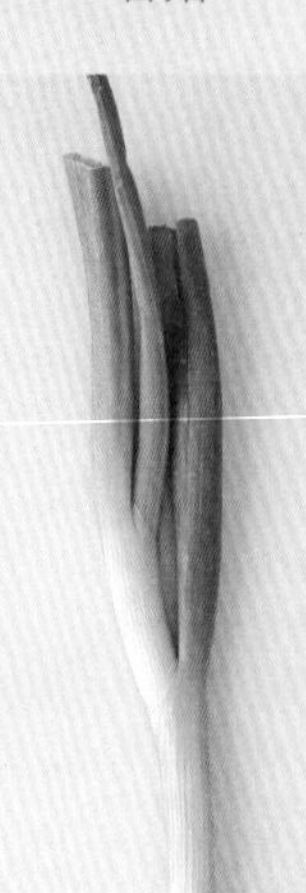
青蔥

黑葉小白菜

香菜

生薑

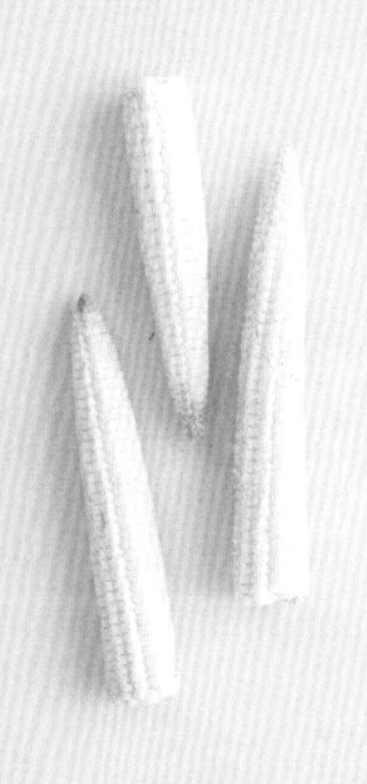
玉米筍

油菜

大蒜

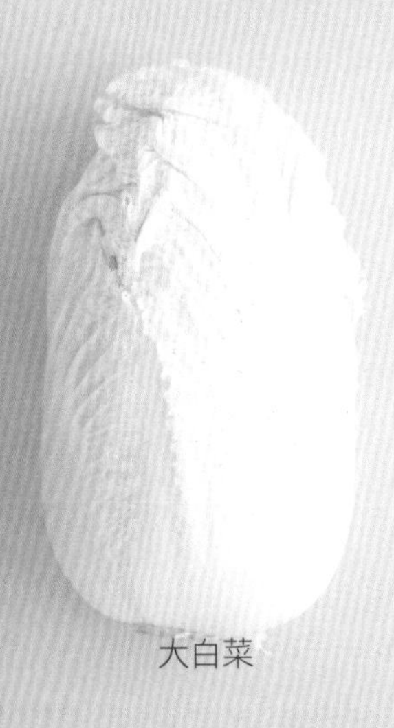
大白菜

乾香菇

乾辣椒

中式調味料

筍片

荸薺/馬蹄

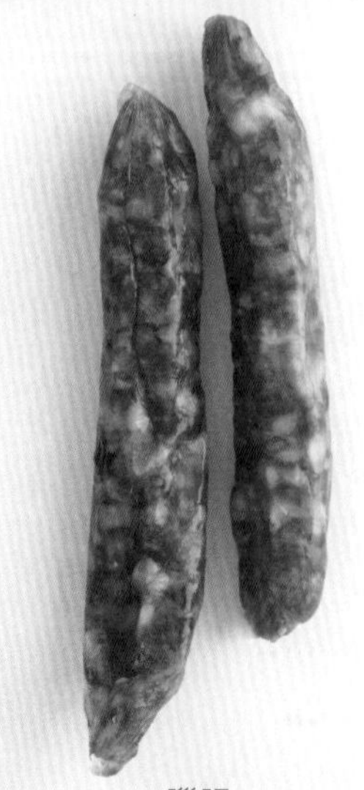
臘腸

紅米醋

辣豆瓣醬

甜麵醬

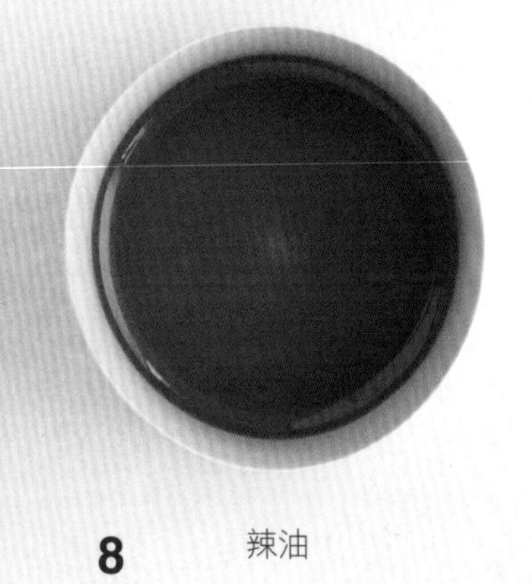
辣油

梅醬

烤肉醬

豆腐
白醋
黑醋
海鮮醬
辣椒醬
香油
淡醬油
濃醬油
紹興酒

中式香料乾貨

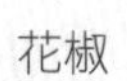

花椒

豆豉

八角

餛飩皮

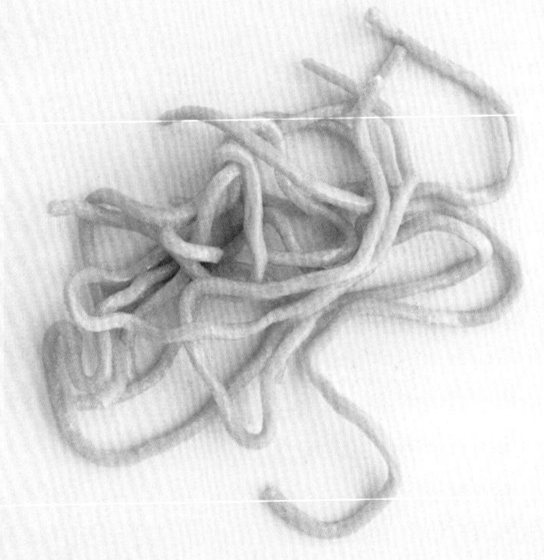

福建麵

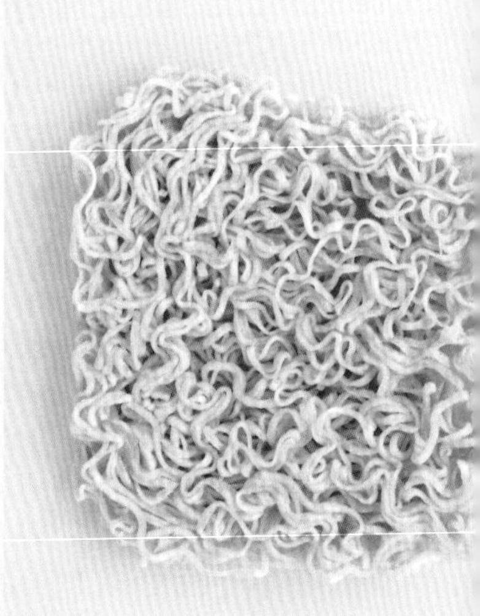

速食麵

荔枝

花生

米線

餃子皮
餛飩皮
乾米紙
細雞蛋麵
冬粉
乾燥雞蛋麵
白胡椒
玉米粉
白芝麻

料理用具

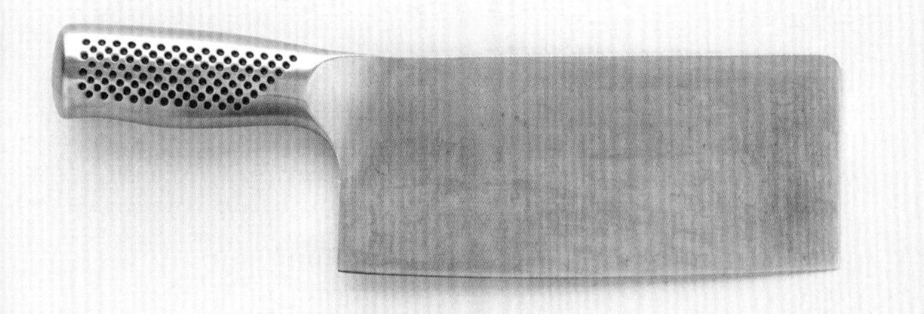

剁刀

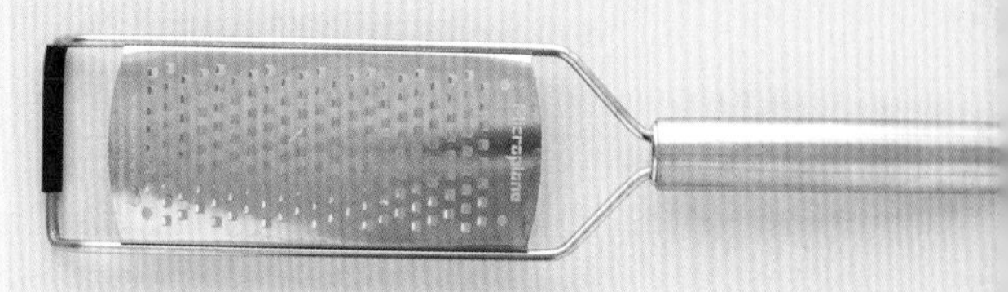

刨磨擦板

鍋刷

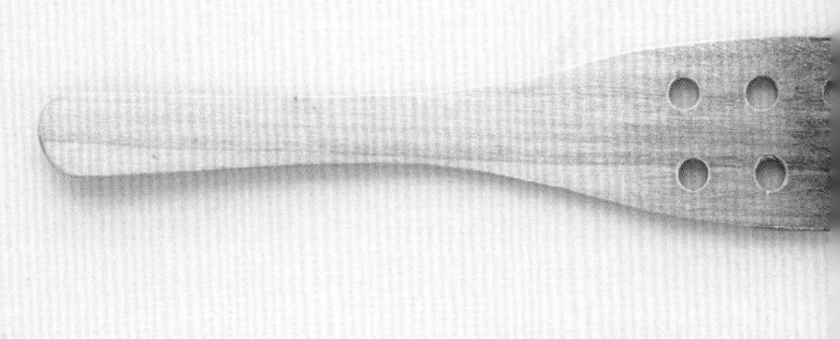

木製鍋鏟

漏勺

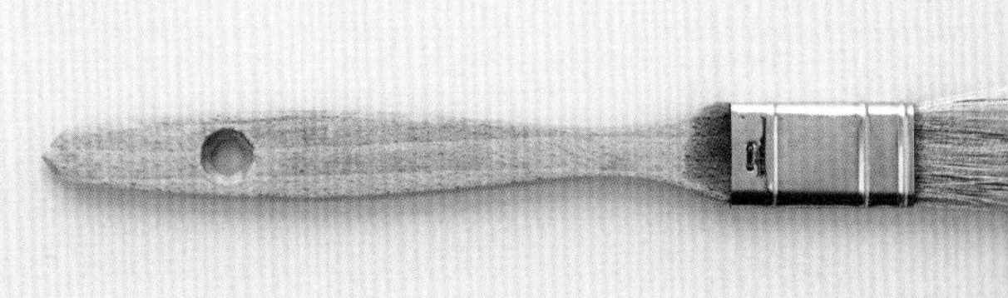

刷子

榨汁器

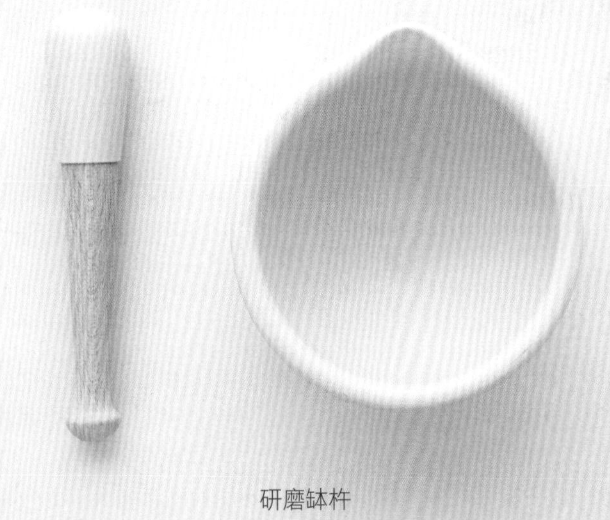

研磨缽杵

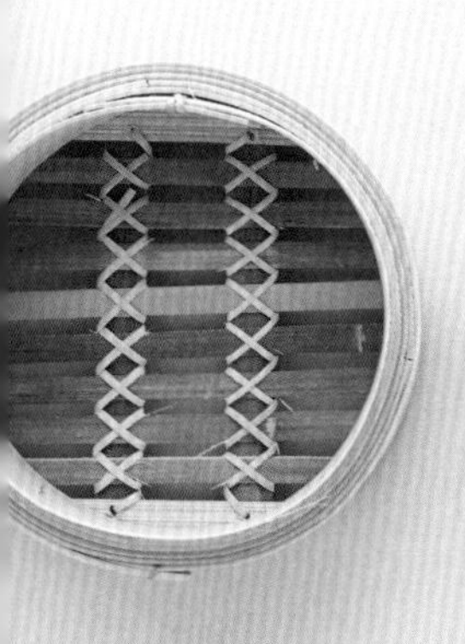

蒸籠

筷子

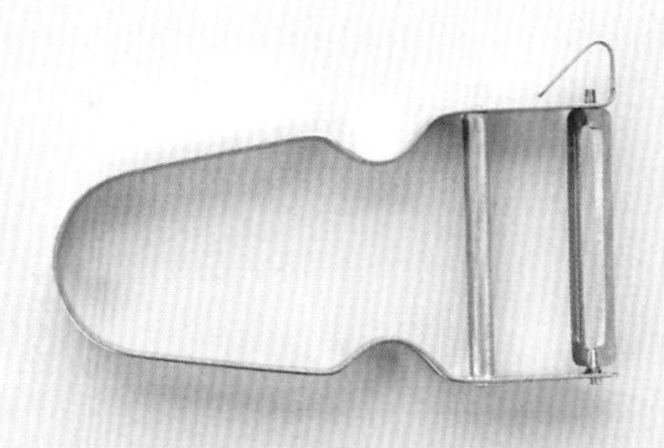

削皮刀

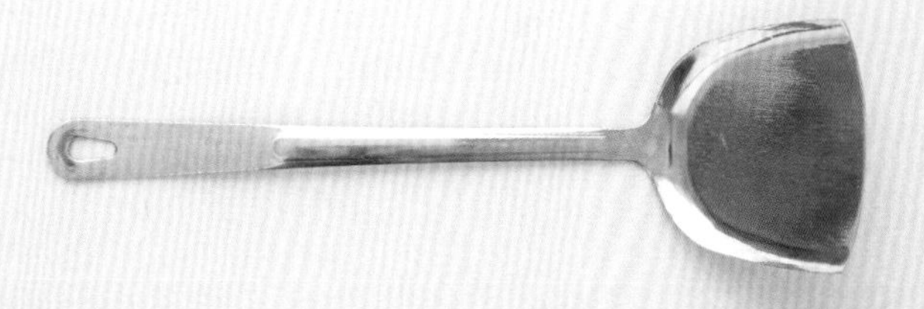

鍋鏟

養鍋

✧用具

炒鍋
刷子
竹刷

1 清洗

以肥皂水清潔（如果你有一個塵封已久、從未使用過的鍋子，是該清一清的時候了！）用冷水沖淨後，輕輕擦乾。

2 上油

鍋內刷上一層花生油，如果沒有刷子，可用廚房紙巾代替。

3 加熱

以大火將鍋子燒熱，接著潤鍋。搖動鍋子使油均勻覆蓋表面。完成後關火並將油保留於鍋內，靜置冷卻。

4 擦拭

待鍋子冷卻後，以廚房紙巾將油擦拭乾淨，接著再重複上油、加熱、冷卻的步驟。
重複三次，直到鍋子表面看似有一層光亮黝黑的塗層，即代表可開始使用鍋子了。

5 保養

每次使用後，別用清潔劑清洗鍋子焦黑的部分，只須將鍋子放置於熱水下，以竹刷清洗即可。頭幾回使用完畢後，都可再替鍋子保養一番。方法則是依照第一次養鍋的步驟，先在鍋中刷上一層油，以大火燒熱鍋子，接著搖動鍋子來潤鍋，使表面均勻覆蓋一層油，然後關火靜置放涼，最後將油擦拭乾淨，再進行清洗的動作。

6 清洗

鍋子使用一段時間後，表面會泛一層亮黑的油光，這也表示之後不再需要進行養鍋的動作了；每次使用完畢只須以冷水沖洗，再放回爐上，用大火烘乾即可。

洗米煮飯

✧用具

網篩
大湯鍋

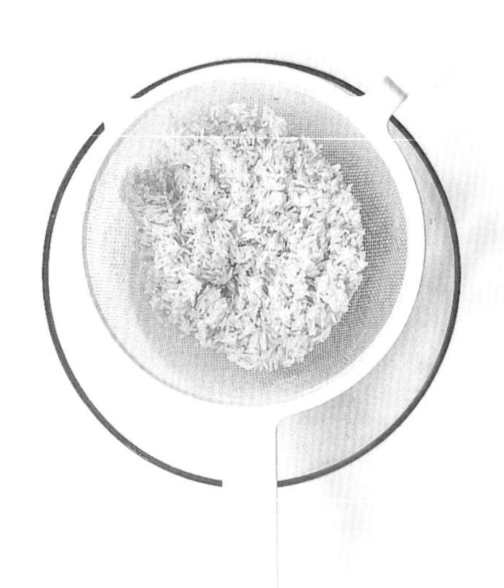

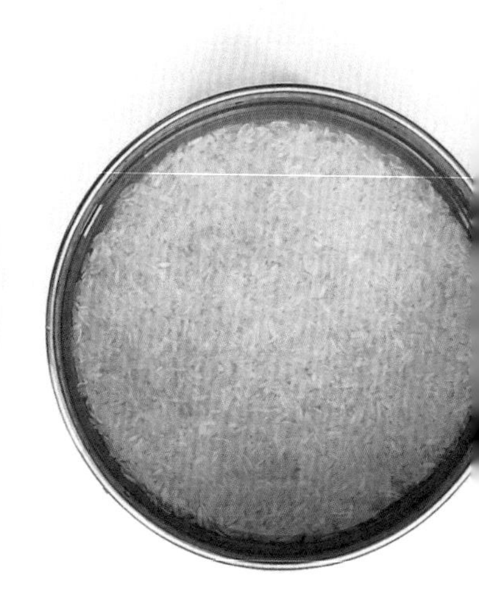

1 量米

量出所需的米量。超市都可買到自己所偏好的米。200克的米，配上一倍的水，就能夠煮出600克的飯。

2 洗米

大面積的翻洗，將米上的雜質去除。

3 加水

米瀝乾後倒入湯鍋中，鍋子要選稍許大一點，能夠讓米有膨脹的空間。米吸收水分後可以膨脹成原來的三倍。鍋子如果太小，米就會沒有足夠的空間膨脹，造成沾黏而夾生。

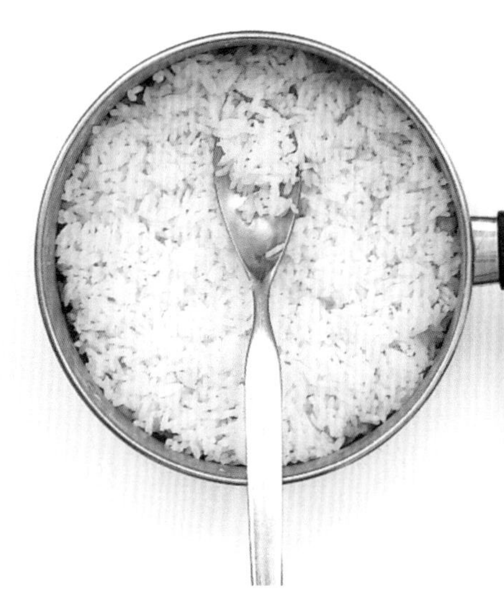

4 煮飯

放置於爐火上煮至沸騰，不須蓋上鍋蓋，繼續煮至米飯表面出現小孔洞為止（一般來說約3到5分鐘）。

5 加蓋

調成小火，蓋上鍋蓋悶10分鐘。

6 開飯

離火靜置5分鐘後即可享用。

雞肉分切法

✧工具
剁刀

✧食材
1隻熟的全雞

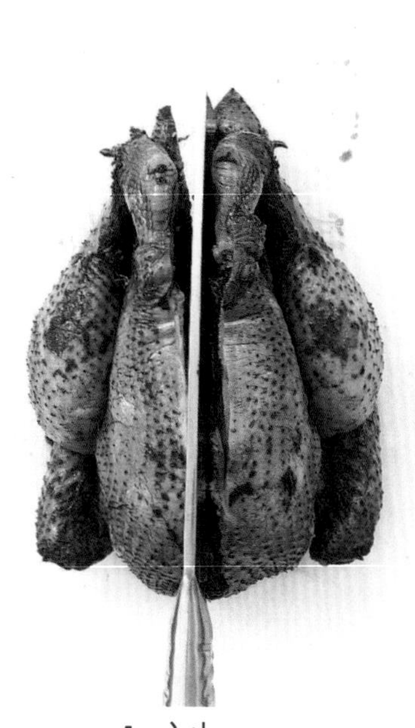

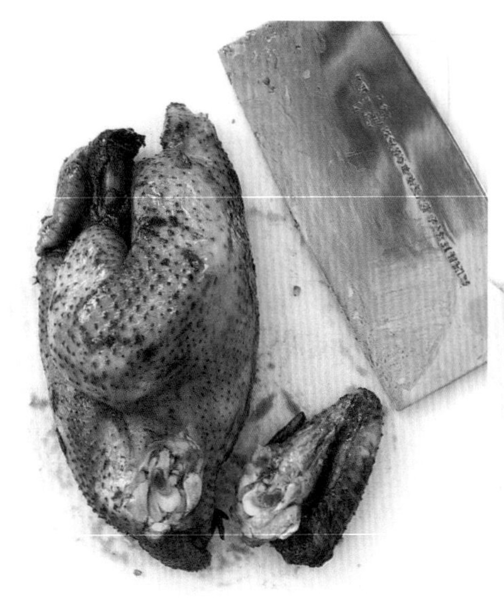

1 剖

將雞放置於砧板上，雞腳朝上。刀子沿著中央的雞骨下刀，縱向剖半。

2 分

將剖成兩半的雞平放於砧板上，並切下雞翅。

3 滑

刀子貼著雞腿斜著下刀，將雞腿切下。

4 解

切下雞胸肉後即可將胸骨丟棄。雞腿則切成大塊狀。

5 切

雞胸肉切大塊（與雞腿同等大小）。

6 合

將切好的雞肉擺於盤子上。雞翅沿著關節處一切為二，排於盤上即可。

燒賣製作方法

✧工具
刷子

✧食材
餛飩皮
餡料隨個人喜好

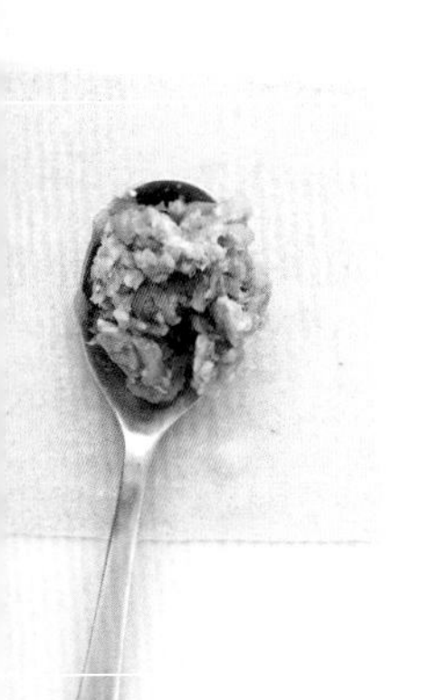
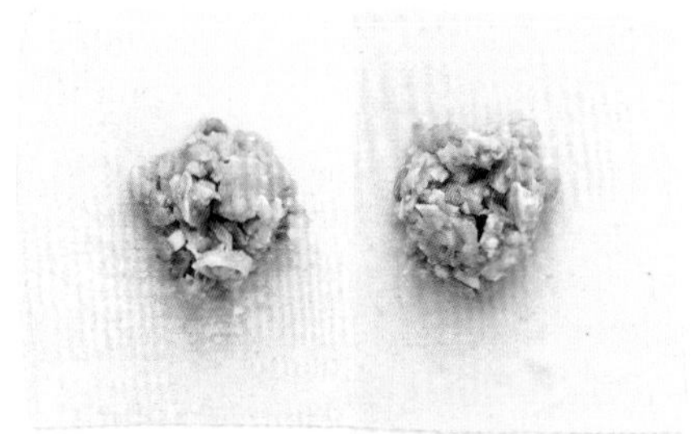

1 填

餛飩皮鋪平後在中間放上餡料。

2 摺

餛飩皮周圍刷上少許的水，將麵皮往上摺起包覆餡料後捏緊，不須收口。

3 重複步驟

重複上述作法，完成剩餘的麵皮與餡料。照食譜的烹調方式蒸熟即可。

雲吞製作方法

✧工具
刷子

✧食材
餛飩皮
餡料隨個人喜好

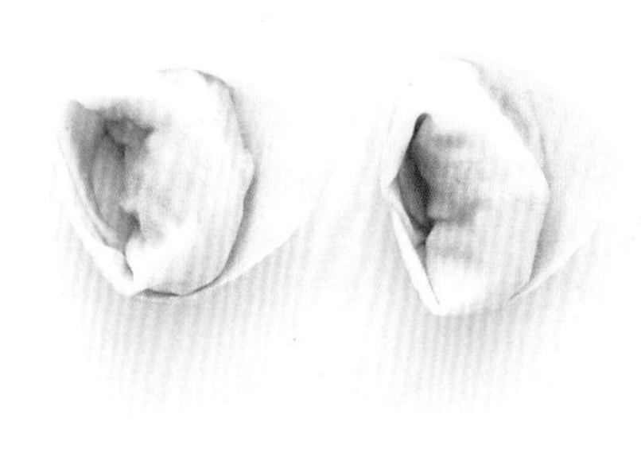

1 沾溼

餛飩皮鋪平後在中間放上餡料，於麵皮邊緣刷上少許的水，接著對摺成三角形。

2 捲

將麵皮捲起，上方直角處可超出些。

3 捏

雲吞左右兩端稍微沾溼後，合起捏緊。重複上述作法，將剩餘的麵皮與餡料完成。依照本食譜方式烹調，可煎、可煮，也可蒸。

燒賣餃製作方法

✧工具
刷子

✧食材
餛飩皮
餡料隨個人喜好

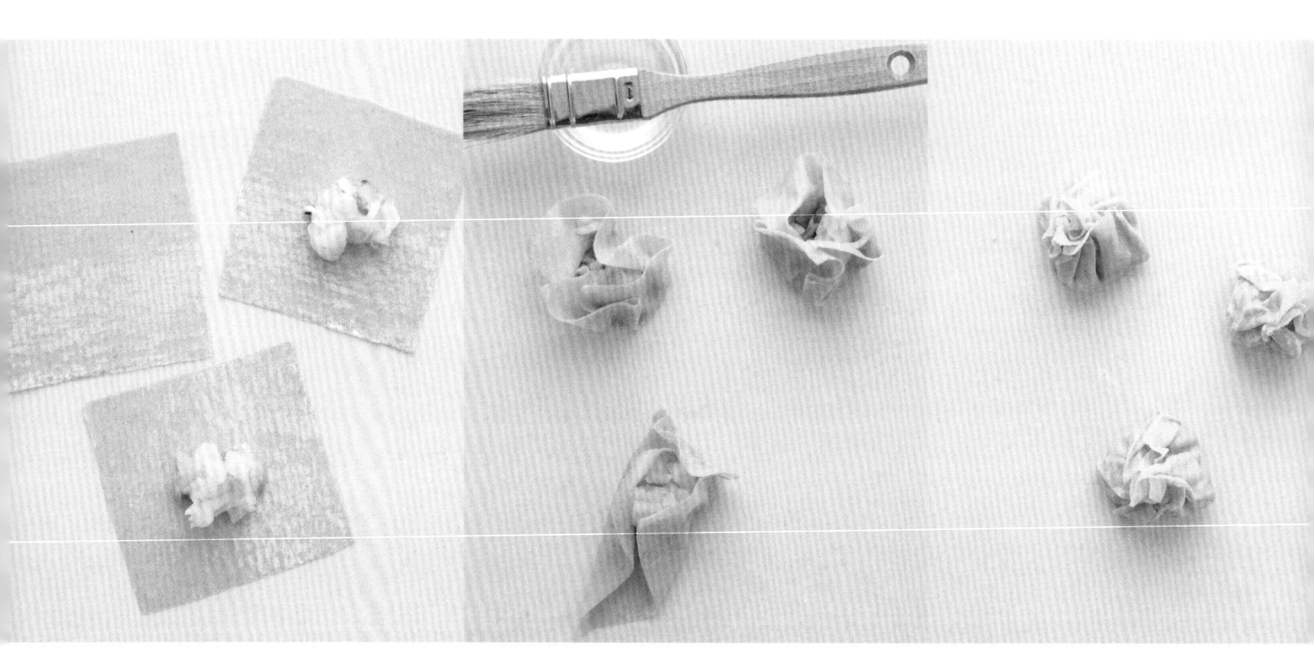

1 填

餛飩皮鋪平後在中間放上餡料。

2 摺

餛飩皮周圍刷上少許的水，將麵皮往上摺起包覆餡料後捏緊收口。

3 轉

捏住收口稍微轉一圈。重複上述作法，完成剩餘的麵皮與餡料。照著食譜方式烹調即可。

裙邊餃製作方法

✧工具

刷子

✧食材

餃子皮或義式麵餃皮
餡料隨個人喜好

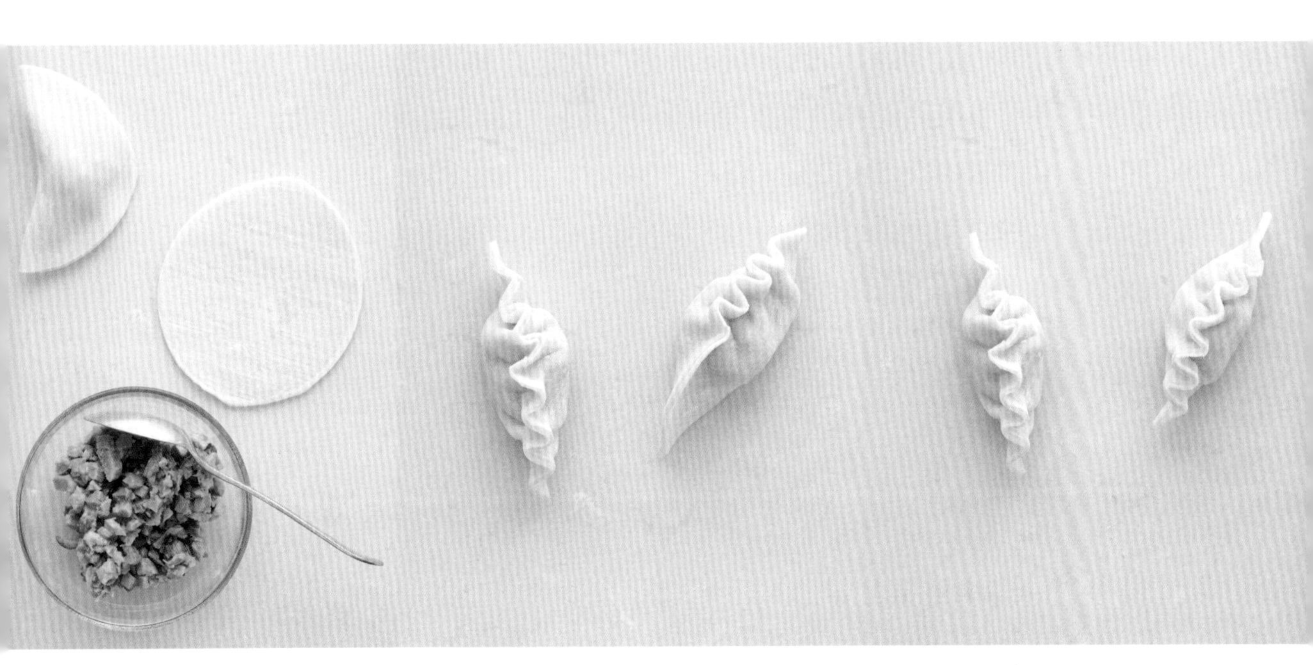

1 填

餃子皮鋪平後在中間放上餡料；周圍刷上少許的水後對折成半圓形。

2 摺

利用食指和大拇指將餃子皮周圍摺起，然後捏緊。

3 重複步驟

重複上述作法，完成剩餘的麵皮與餡料。

餛飩餃製作方法

✧工具

刷子

✧食材

餃子皮或義式餛飩皮
餡料隨個人喜好

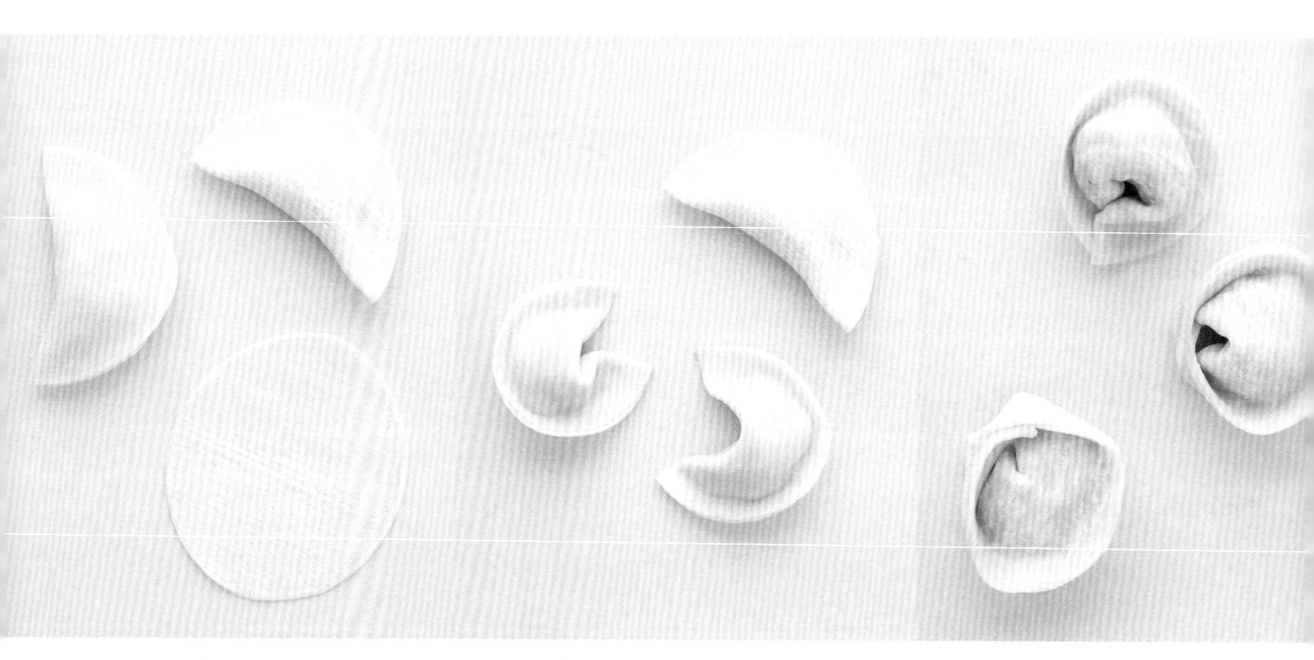

1 填

餃子皮鋪平後在中間放上餡料；周圍刷上少許的水後對折成半圓形。

2 合

再於麵皮周圍刷上少許的水，然後將左右兩端往中間聚合成為馬蹄狀。

3 捏

將麵皮合起捏緊。重複上述作法，將剩餘的麵皮與餡料完成。依照本食譜方式烹調，可煮、可煎，也可蒸。不過，如果使用的是餃子皮，那麼烹調時所需的水量和時間，就會再特別說明。

波浪餃製作方法

✧工具

刷子

✧食材

餃子皮或義式麵餃皮
餡料隨個人喜好

1 填

餃子皮鋪平後在中間放上餡料；周圍刷上少許的水後對折成半圓形。

2 塑形

輕壓，將餃子稍微壓扁，然後將兩端的麵皮往中間聚合，摺出波浪狀。

3 重複步驟

重複上述作法，完成剩餘的麵皮與餡料。不過，如果使用的是餃子皮，那麼烹調時所需的水量和時間，就會再特別說明。

蘸醬&佐料

✧蔥薑油
100毫升花生油
2根青蔥末
2大匙薑末
4大匙紹興酒
4大匙白醋
1小匙鹽
2小匙糖

✧醬油醋
60毫升淡醬油
3大匙巴沙米哥醋
1根去籽紅辣椒末（可有可無）
1根青蔥末

✧梅子醬
1大匙香油
2大匙白醋
3大匙梅醬
1大匙紹興酒

1 蔥薑油

將所有食材放入碗中，利用叉子快速攪拌，好讓糖能溶化並與其他食材均勻融合。與白斬雞或是蒸魚搭配食用。此分量可做出200毫升的蔥薑油。

2 醬油醋

將醬油和醋混和均勻後倒入小碟子中，然後以蔥末點綴，並依照各人口味撒上辣椒末。此分量可做出100毫升的醬油醋。

3 梅子醬

將香油、白醋、梅醬和紹興酒一起混和均勻即可。搭配春捲和烤鴨食用。此分量可做出100毫升的梅子醬。

✧辣椒油
2大匙乾辣椒粉
100毫升花生油
1大匙香油

✧水蘸汁
2大匙魚露
2大匙白醋
1大匙糖
1個蒜瓣
1根朝天椒（必要時可去籽）
1大匙檸檬汁
1大匙紅白蘿蔔絲

✧花生香料蘸醬
2大匙切碎棕櫚糖或二砂糖
2大匙白醋
2大匙魚露
4大匙羅望子水
2大匙烤過的花生碎

1 辣椒油

將辣椒粉放入一個耐熱的碗中。花生油和香油放入鍋中燒熱，但不要燒至冒煙，然後將油倒入辣椒粉中，並且靜置待其冷卻。完成後放入密封罐中冷藏保存。辣椒油能用來烹調或是作為佐料使用。此分量可做出125毫升的辣椒油。

2 水蘸汁

將魚露、醋、糖和60毫升的水放入鍋中，以小火邊加熱邊攪拌，直到糖溶化為止。接著將醬汁加熱至沸騰後繼續滾煮3分鐘。完成後靜置放涼。加入大蒜、辣椒和檸檬汁，然後以紅白蘿蔔絲點綴即可。此分量可做出125毫升的水蘸汁。

3 花生香料蘸醬

將糖、醋、魚露和羅望子水放入鍋中，以小火邊加熱邊攪拌，直到糖溶化為止。放涼後撒上花生碎即可。此分量可做出125毫升的花生香料蘸醬。

點心＆湯品

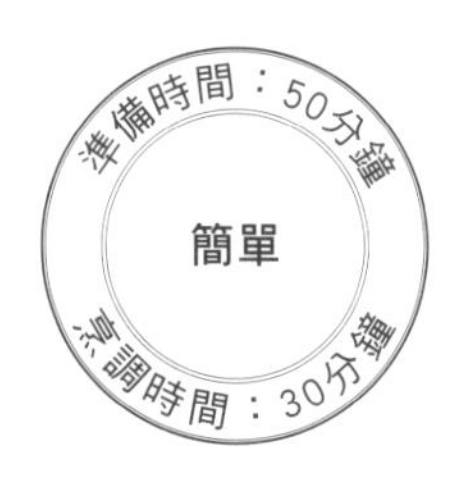

菠菜煎餃

✧用具
平底鍋
刷子
網篩
烤盤
大平底鍋

✧食材
100克洗淨瀝乾的新鮮菠菜
3大匙紅蘿蔔絲
1支青蔥末
50克荸薺細末
$^1/_2$大匙薑末

✧雜貨
100克板豆腐切成薄片
$^1/_2$大匙香油
$1^1/_2$大匙紹興酒
$^1/_2$大匙淡醬油
1包餃子皮或餛飩皮
用來撒於烤盤上的玉米粉
2大匙花生油

✧佐料
紅醋

1 和餡

菠菜放入平底鍋中，蓋上鍋蓋，以中火將菠菜炒軟。瀝掉菠菜的湯汁後取出，再將所有的水分壓乾。切細碎後與豆腐、紅蘿蔔絲、蔥末、荸薺碎和薑末一起放入大碗中混和均勻。
另取個小碗，將香油、紹興酒和醬油在碗中調勻後倒入蔬菜中。再將所有食材攪拌均勻。

2 包

取一大匙餡料放置於餃子皮中央，周圍刷上少許的水，對折後捏緊封口。將包好的餃子放置於已事先撒了玉米粉的烤盤上。

3 煎

花生油倒入大平底鍋中燒熱，然後將餃子入鍋煎3分鐘。（每個餃子間要留出空隙）。待餃子底部煎至金黃酥脆後倒入60毫升的水，並蓋上鍋蓋煮3分鐘。接著開蓋待所有水分收乾即可。完成的煎餃保溫備用。可搭配紅醋一起享用。

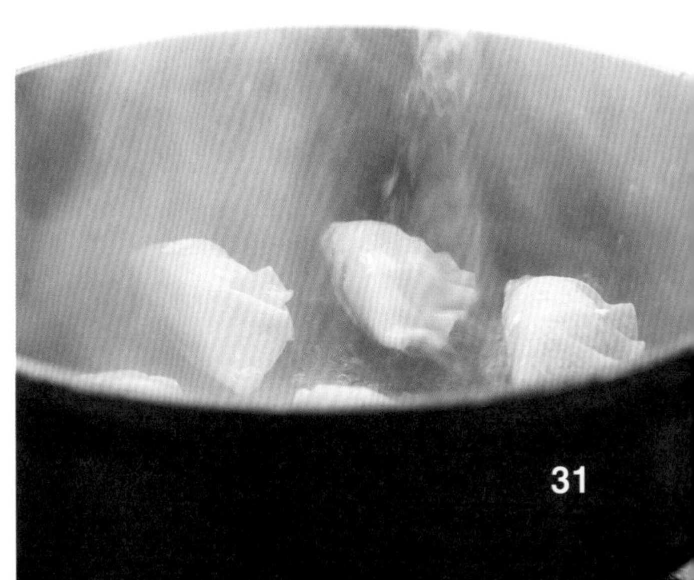

炸春捲

✧用具
網篩
刷子
炒鍋
筷子

✧肉類
250克豬絞肉

✧食材
2支青蔥末
2大匙韭菜末（新鮮或冷凍）
$1\frac{1}{2}$大匙薑末

✧雜貨
4朵乾香菇
50克冬粉
2大匙淡醬油
1大匙紹興酒
12張春捲皮
$1\frac{1}{2}$大匙玉米粉
500毫升油炸用花生油

✧佐料
蘸醬隨喜（食譜見第26-27頁）

1 備料

香菇放入碗中，以滾水覆蓋過香菇浸泡20分鐘；取出後擠乾水分；切去蒂頭，香菇則切成香菇末。另取個碗，將冬粉放入碗中，倒入熱水，覆蓋過冬粉後浸泡10分鐘，使其變軟，然後利用剪刀剪成小段。

2 捲

將香菇末、冬粉段、豬絞肉、蔥末、韭菜末、薑末、淡醬油和紹興酒放入大碗中攪拌均勻。
春捲皮放上乾淨且乾燥的檯面，在春捲皮一端放上1大匙餡料，先將擺上餡料這端的捲皮往上捲，覆蓋住餡料，再將左右兩側的麵皮往內側摺，最後將春捲往前捲，捲成如同香菸般的長管狀。玉米粉以少許的水調勻後刷於封口處，黏合春捲。製作好的春捲以毛巾覆蓋備用，並以相同的方法完成剩餘的春捲。

3 炸

起鍋熱油。測試油溫方法：取一支木筷子，垂直插入油鍋中，如果筷子旁起泡，即代表油溫已達油炸溫度。將春捲入鍋炸3到5分鐘，油炸的同時也要將春捲翻面，翻個幾次，直到春捲炸至金黃酥脆。起鍋後放置於廚房紙巾上吸去多餘的油脂。油炸剩餘春捲的同時，先將已製作完成的保溫備用。

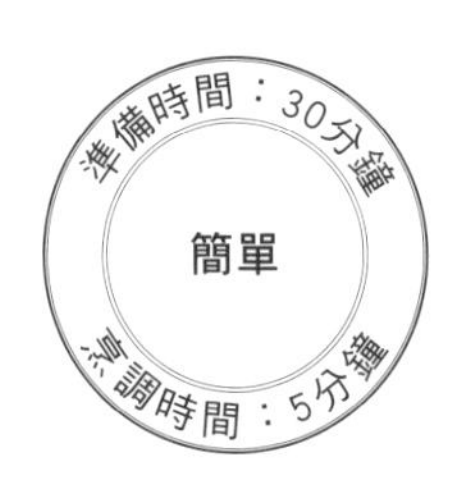

生春捲

✧用具
網篩
平底鍋

✧海鮮
12尾熟蝦，剝殼、去除腸泥且縱向一切為二

✧食材
40克生菜絲
6片新鮮薄荷葉

✧雜貨
40克冬粉或是乾飯
6張直徑約22公分的米紙

✧蘸醬
6大匙海鮮醬
2大匙花生醬
1大匙烤過的花生碎

1 備料

冬粉浸泡於滾水中5分鐘，沖洗後瀝乾水分備用。

2 捲

將米紙浸於溫水中泡軟，然後放置於乾淨的布上，並且在米紙中央擺上1大匙冬粉。接著放上2尾蝦、一片薄荷葉。先將左右兩端的米紙往中間折，再往前捲起成圓柱狀。完成後的春捲擺於大盤上並蓋上溼紙巾。接續製作剩餘的春捲。

3 拌

製作蘸醬。海鮮醬和1大匙的水放入小湯鍋中，以中火加熱1分鐘或直到兩者混和均勻。再加入花生醬，另外攪拌約2分鐘或是直到食材混和均勻融合，然後離火，靜置放涼。以花生碎點綴，並盛入碟中，搭配春捲一起享用。

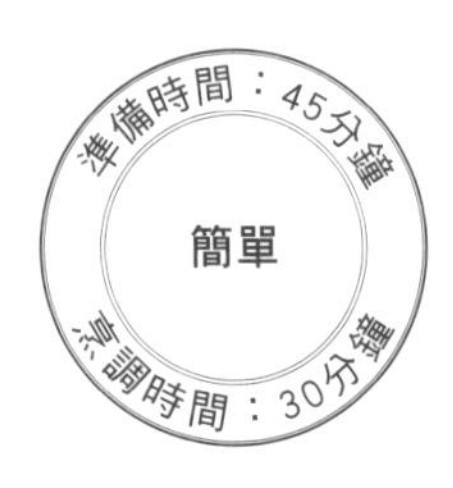

餛飩湯麵

✧用具
刷子
湯鍋

✧海鮮
250克新鮮蝦仁

✧食材
3支青蔥末
250克青菜（油菜或芥藍）洗淨剝成片狀

✧雜貨
2.5公升雞高湯
2小匙香油
3大匙醬油
400克新鮮福建麵

✧餛飩所需食材
300克豬絞肉
100克白菜末
1½大匙醬油
½小匙香油
1小匙薑末
30張餛飩皮
1顆蛋，稍微打散

1 備料

將麵條浸泡於滾燙的水中5分鐘使其軟化，然後利用叉子，輕輕地將麵條分開。製作餛飩：豬絞肉、白菜末、醬油、香油和薑末放入大碗中混和均勻。取1大匙餡料放置於餛飩皮的一角，在麵皮的周圍刷上一層蛋液，接著將周圍的麵皮捏緊收口。完成後放置於鋪了烤盤紙的盤上，常溫保存備用，並以相同手法做出另外30個餛飩。

2 水煮

將高湯連同青蔥末和香油放入湯鍋中煮滾。接著將餛飩輕輕滑入鍋中，每一次下的量不要太多，煮6到8分鐘。當餛飩浮起時即代表熟透。撈出後與一點高湯先盛入碗中，使餛飩能夠保溫。

3 上菜

在湯鍋中放入醬油、蔬菜和蝦仁。重新加熱2到3分鐘，讓蔬菜剛好達到熟軟的狀態。最後將麵條入鍋再次加熱。待湯品完成後，將蔬菜、麵條和蝦仁擺於餛飩上，澆淋上高湯即可。建議以醬油增添風味。

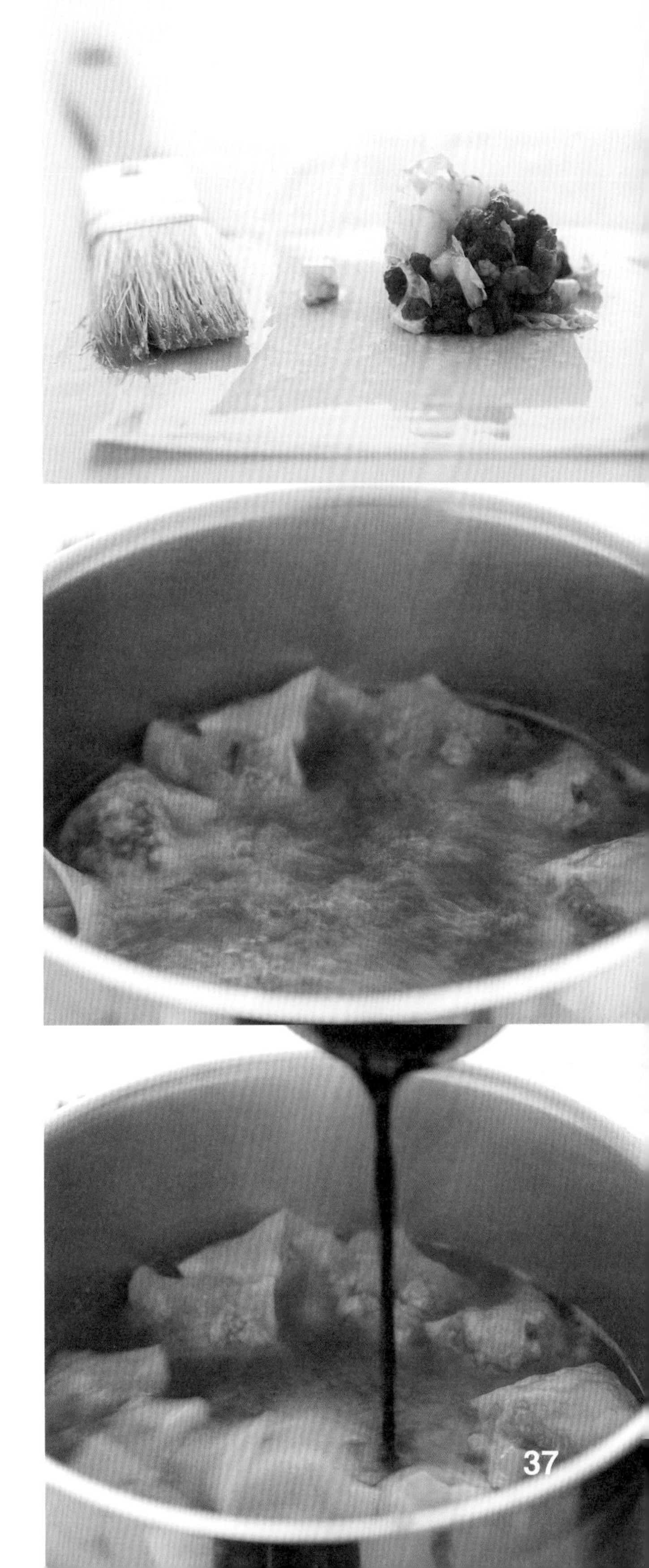

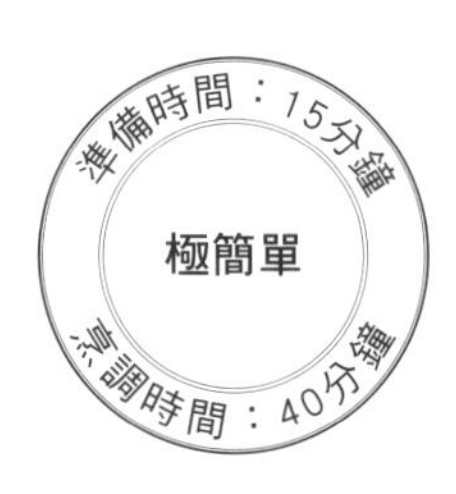

北京烤鴨

✧用具
烤盤

✧肉類
1隻烤鴨

✧食材
6支青蔥
1根小黃瓜

✧雜貨
烤鴨餅皮
125毫升海鮮醬

1 備料

以180℃預熱烤箱。將烤鴨放入烤箱中再次加熱20到30分鐘，使鴨皮烤至酥脆。片下鴨皮，並將鴨皮與鴨肉放置於成品盤上。

2 裁切

將青蔥和小黃瓜切成5公分的段狀。

3 加熱

將溫熱的餅皮排入盤中。每一位賓客先取一張餅皮放入自己的盤中，然後於餅皮上擺些鴨肉與鴨皮、蔥絲、黃瓜段以及海鮮醬。捲起後即可品嘗。

豬肉湯麵

✧用具
湯鍋
炒鍋
大平底鍋
網篩

✧肉類
200克豬絞肉

✧食材
2小匙蒜末
1支青蔥末
1½大匙醬油
3大匙烤過的花生碎

✧雜貨
50克脫水速食麵
1½大匙油
½小匙黑胡椒粉
3大匙蝦米

✧高湯所需食材
1隻1.5公斤的全雞或1.5公斤的雞翅和雞脖子
5片生薑
8支青蔥，切成5公分的段狀

1 備料

製作高湯（最好能於前一天先製作完成，較容易去除油脂）。將雞、薑片和青蔥放入湯鍋中，添加1.5公升的水後煮至沸騰。改小火煨3個小時，並且定時撈去表面的浮末。
將高湯過濾出來後靜置待其冷卻。加蓋並放入冰箱冰鎮幾個小時，待表面的油脂凝固後，即可利用湯匙刮除。食用前以小火重新加熱後作為湯底備用。

2 瀝乾

麵條放進滾水中浸泡2分鐘，使其軟化後即可將水分瀝乾。

3 加熱

油倒入炒鍋中燒熱後下蒜末、絞肉和黑胡椒拌炒5分鐘。絞肉炒熟後加入少許熱高湯，接著放蝦米和醬油一起煨煮15分鐘。
將麵條盛入碗中，淋上豬肉湯，並以花生碎和青蔥點綴即可。

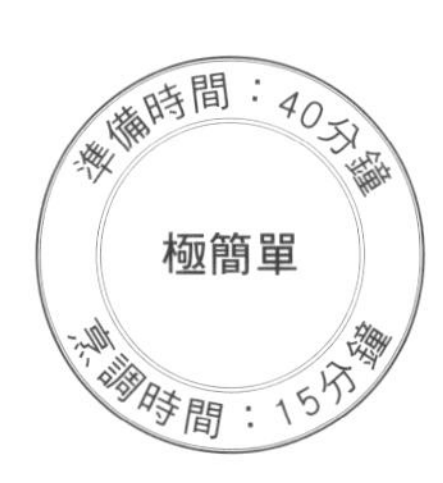

燒賣

✧用具
蒸籠

✧肉類
250克豬絞肉

✧海鮮
100克切碎的蝦仁

✧食材
3大匙韭菜末（新鮮或冷凍）
1支青蔥末
$1\frac{1}{2}$大匙新鮮薑末
$\frac{1}{2}$小匙香油
24張餛飩皮

✧雜貨
50克荸薺末
$1\frac{1}{2}$大匙淡醬油
$1\frac{1}{2}$大匙紹興酒

✧蘸醬
隨個人喜好

1 備料

將蝦仁、絞肉、韭菜末、荸薺末、醬油、紹興酒、香油、蔥末和薑末放入大碗中攪拌均勻。

2 包餡

於餛飩皮中央擺上1大匙餡料，然後將麵皮往上包覆住餡料，不須封口：要能看得到餡料。

3 蒸

燒賣擺入蒸籠內，並將蒸籠架上滾水中，蓋上蓋子蒸15分鐘。搭配自己喜愛的醬汁一起享用。

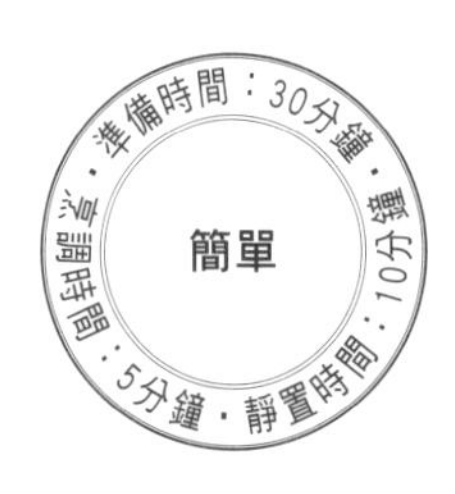

香菇雞肉燒賣

✧用具

網篩
刷子
蒸籠紙
炒鍋或大平底鍋
大的竹蒸籠
竹籤

✧肉類

200克雞絞肉

✧食材

1支青蔥末
1小匙新鮮薑末
12張餛飩皮（可自行增加分量）

✧雜貨

3朵乾香菇
½大匙醬油
1小匙味醂
1小匙清酒
¼小匙香油

✧蘸醬

2大匙淡醬油
2大匙辣油

1 備料

香菇放入碗中，以滾水浸泡10分鐘或直到香菇變軟。取出瀝乾水分，切去蒂頭後將香菇切成細末。將香菇末、雞絞肉、蔥末、薑末、醬油、味醂、清酒和香油放入大碗中混和均勻。

2 包餡

餛飩皮鋪於檯面上，在中央擺上1小匙餡料。將麵皮周圍刷上少許的水，並且包成燒賣狀（作法見第20頁）。重複相同步驟，完成剩餘的燒賣。

3 蒸

在蒸籠底部鋪張蒸籠紙，然後利用竹籤插出幾個孔洞。燒賣擺入蒸籠內，蓋上蓋子後將蒸籠架上微微滾沸的水中，蒸5分鐘，或是蒸至雞肉熟透即可。製作醬汁：醬油和辣油放入碗中，混和均勻後盛入小碟子中。搭配燒賣一起享用。

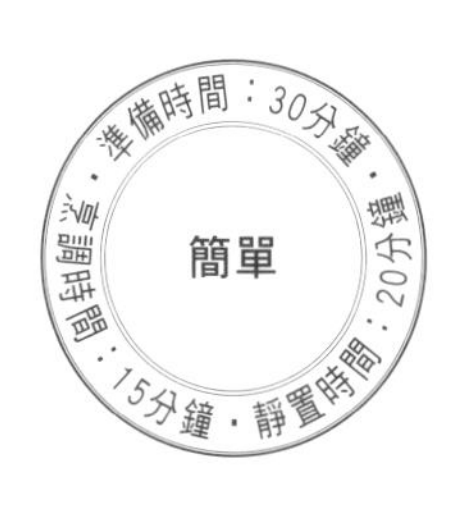

鮮蝦餛飩湯

✧用具
網篩
刷子
平底鍋
漏勺

✧食材
2個荸薺切成細末
2支青蔥末
100克大白菜絲
50克豆芽
16張餛飩皮
1公升雞高湯（作法見第40-41頁）
1½大匙紹興酒

✧海鮮
150克切碎的蝦仁

✧雜貨
2朵乾香菇
1½大匙濃醬油

✧配料
香菜葉
3大匙炸蒜片

1 拌合

乾香菇以滾水浸泡20分鐘使其膨脹。接著將水分擠乾後切去蒂頭，香菇則切成細末。蝦仁丁、荸薺末、蔥末、醬油和香菇末一起混和均勻後作為內餡。在餛飩皮中央放上1大匙餡料，麵皮周圍刷上少許的水，然後對折成三角形，再將兩端的對角聚合，捏緊黏合。以相同方法完成其他餛飩。

2 烹調

餛飩放入滾水中煮5分鐘。利用漏勺取出並瀝乾水分。

3 上菜

高湯加熱後將紹興酒、白菜絲和豆芽菜入鍋。讓蔬菜在鍋中煮2分鐘。每個碗中先放入4個餛飩，再淋上高湯。以香菜和炸蒜片點綴即可。

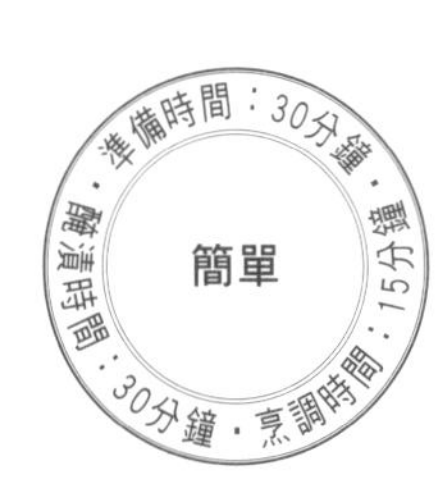

烤鴨蒸餃

✧用具
竹蒸籠
竹籤
炒鍋或大平底鍋
蒸籠紙

✧肉類
200克烤鴨肉

✧食材
1粒蒜瓣切成末
1支青蔥末
12張餃子皮

✧雜貨
1大匙紹興酒
1大匙蠔油
$\frac{1}{2}$小匙香油
$\frac{1}{2}$小匙白胡椒

✧蘸醬
各式蘸醬（作法見第26-27頁）

1 切

鴨肉、大蒜和青蔥切末。將所有食材放入非金屬的大碗中。

2 拌合

加入紹興酒、蠔油、香油和白胡椒粉攪拌均勻。
覆蓋上保鮮膜，放入冰箱冰鎮醃漬30分鐘。
餃子皮鋪於檯面上，在麵皮中央擺$1\frac{1}{2}$小匙餡料。
麵皮周圍刷上少許的水，並且做成波浪餃（作法見第25頁）。重複相同步驟完成剩餘的餃子。

3 蒸

於蒸籠內鋪張蒸籠紙，並利用竹籤戳出些孔洞。將餃子擺入蒸籠內，蓋上蓋子，架於滾水中蒸10分鐘或直到餃子蒸熟為止。也可以將餃子放入滾水中，以水煮的方式煮熟。搭配醬料一起享用即可。

蔬菜湯麵

✧用具
大湯鍋

✧食材
2支青蔥末
100克新鮮秀珍菇
1根紅蘿蔔
100克玉米筍
100克菠菜葉

✧雜貨
200克新鮮或乾燥的雞蛋麵
1.25公升蔬菜高湯
3大匙淡醬油
$^1/_2$小匙香油
$1^1/_2$大匙新鮮薑末

1 切

蔥切末；秀珍菇切大塊；紅蘿蔔切薄片；玉米筍則切成條狀。

2 滾

麵條放入滾水中煮軟後取出瀝乾水分。
高湯倒入大鍋中加熱。接著下醬油、香油和薑末，煮至沸騰後繼續煮5分鐘。

3 煮

將切好的蔬菜和菠菜葉放入鍋中煮3到5分鐘，直到蔬菜軟化。麵條平均分入4個碗中，接著倒入高湯。趁熱品嘗。

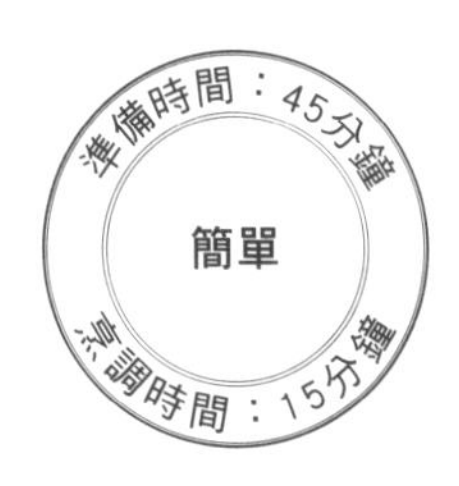

鮮蝦水餃

✧用具
刷子
湯鍋

✧海鮮
250克蝦仁，去除腸泥後切成小塊

✧食材
1支青蔥末
1粒蒜瓣切成末

✧雜貨
1大匙荸薺末
1/4小匙香油
1/2小匙紹興酒
1/4小匙淡醬油
1/4小匙糖
1小匙玉米粉
1小撮白胡椒粉
12張餃子皮

✧蘸醬
醬油或辣油

1 拌合

將蝦仁丁、荸薺末、蔥末、蒜末、香油、紹興酒、醬油、糖、玉米粉和白胡椒粉放進大碗中，攪拌均勻。

2 包

將餃子皮鋪於檯面上，並在中央擺上1小匙餡料。麵皮邊緣刷上少許的水，然後做成波浪餃（作法見第25頁）。重複相同步驟將剩餘的麵皮和餡料做成餃子。

3 煮

將餃子放入滾水中煮5到7分鐘或煮至餃子熟透即可。搭配一小碟醬油或是紅油一起享用。

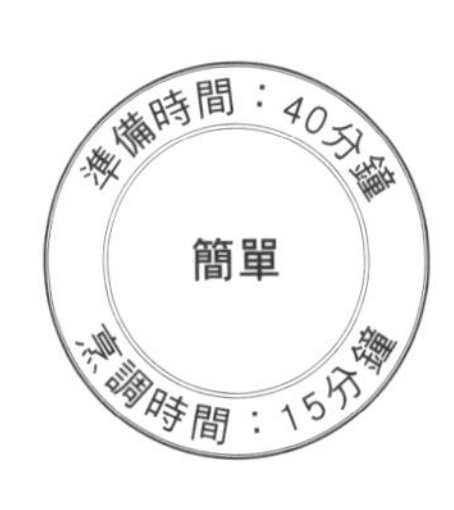

泡菜豆腐餃

✧用具
大的竹蒸籠
炒鍋或大平底鍋
刷子
蒸籠紙
竹簸

✧食材
1片大白菜葉，切成細絲
1支青蔥末
1粒蒜瓣切成末

✧雜貨
100克板豆腐丁
$\frac{1}{4}$小匙黑胡椒粉
100克泡菜，瀝乾泡菜汁後切細碎
1小匙醬油
$\frac{1}{2}$小匙香油
1小匙細砂糖
12張餃子皮

✧蘸醬
黑醋

1 備料

白菜絲放入蒸籠中，然後架於滾水上蒸3分鐘，完成後靜置冷卻一會兒。

2 包

將白菜絲、豆腐、青蔥、大蒜、胡椒、泡菜、醬油、香油和糖放入大碗中混和均勻。
餃子皮鋪於檯面上，在中央擺上1小匙餡料。麵皮邊緣刷上少許的水，然後對折做成餃子，並捏緊封口。重複相同步驟完成剩餘的餃子。

3 蒸

蒸籠內鋪張蒸籠紙，並利用竹籤戳出些孔洞。餃子擺入蒸籠內，蓋上蓋子，然後架於滾水中蒸5分鐘，或蒸至餃子熟透即可。將餃子擺入調羹中，淋上黑醋，搭配享用。

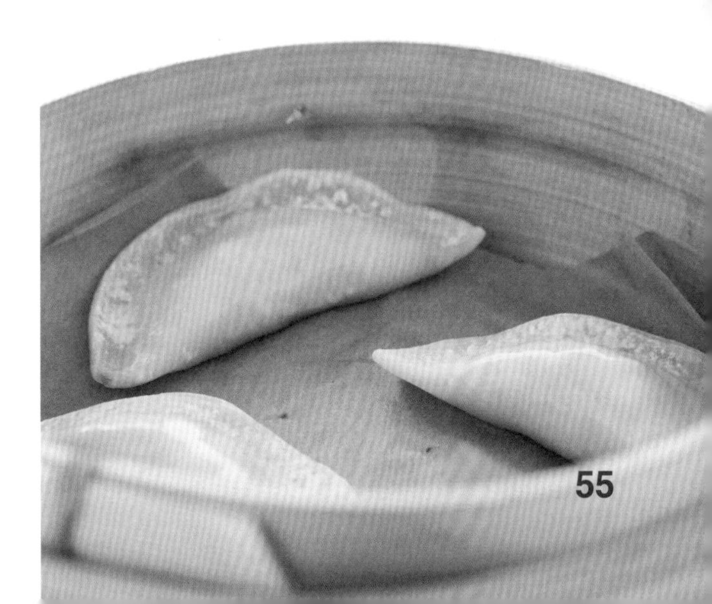

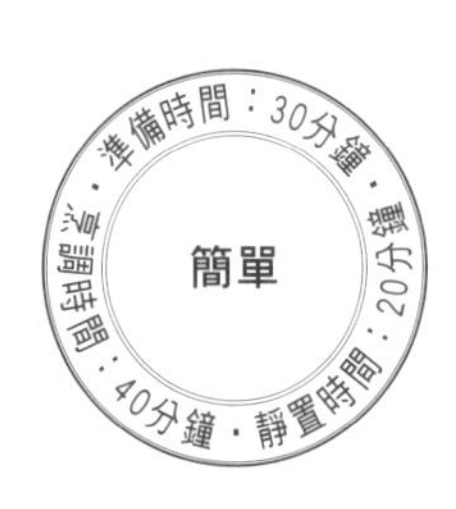

青檸腰果南瓜餛飩

✧用具
烤盤
大平底鍋
刷子

✧食材
200克切成大塊狀的南瓜
1大匙新鮮香菜末
1小匙切成細絲的泰國青檸（即酸橙）葉

✧雜貨
2大匙烤過的腰果碎
12張餛飩皮

✧蘸醬
花生香料蘸醬（作法見第27頁）

1 烤

以200℃預熱烤箱。南瓜放入烤盤中，進烤箱烤30分鐘或是烤至南瓜熟軟。靜置20分鐘，待其冷卻。利用湯匙將南瓜肉取下，南瓜皮則可丟棄。

2 拌

將南瓜、腰果碎、香菜末和青檸絲放進大碗中混和均勻。

3 包

餛飩皮鋪於檯面上，在中央擺上1小匙餡料。麵皮邊緣刷上少許的水後包成餛飩（作法見第24頁）。重複相同步驟，完成剩餘的材料。將餛飩放入滾水中煮3分鐘，或煮至餛飩熟透即可。取出瀝乾水分後放置於防沾紙上。待煮剩餘餛飩的同時，先將製作好的保溫備用。搭配花生香料蘸醬一同享用最對味。

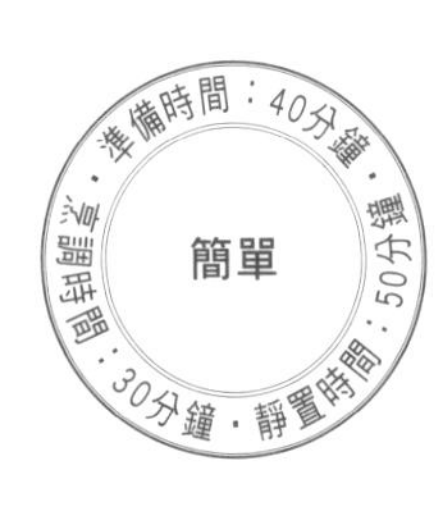

蝦夷蔥鮭魚餃

✧用具
擀麵棍
刷子
平底鍋

✧海鮮
250克鮭魚排，取下魚皮備用

✧食材
1支青蔥末

✧雜貨
2大匙海鹽
4大匙油
1小匙味醂
1小匙淡醬油
16張餃子皮

✧蘸醬所需食材
3大匙淡醬油
3大匙檸檬汁
1小匙糖
1大匙烹大師鰹魚粉

1 備料

魚皮和魚肉放入大盤中，抹上鹽巴醃漬30分鐘。洗淨沖掉鹽巴後以廚房紙巾將水分擦乾。

2 拌合

先取一半的油，倒入鍋中加熱，然後將魚皮下鍋，以大火煎3分鐘或煎至兩面金黃酥脆。取出後瀝乾油脂。再將鮭魚肉入鍋煎3到5分鐘，或將兩面煎至金黃。靜置放涼，然後把魚肉拆成小塊狀，魚皮則利用擀麵棍敲碎。將魚肉、魚皮、蔥、味醂和醬油一起放進大碗中混和均勻成餡料備用。

3 烹調

餃子皮鋪於檯面上，在中央擺上2小匙餡料。麵皮邊緣刷上少許的水後闔起捏緊。重複相同步驟，將剩餘的餃子皮和餡料包成餃子。剩下的油倒入大鍋中燒熱，將餃子入鍋煎至金黃酥脆。接著倒入125毫升的水，蓋上鍋蓋悶煮5分鐘或煮至水分收乾即可。

製作蘸醬：將所有食材混和均勻後盛入碟子中，搭配煎餃一起享用。

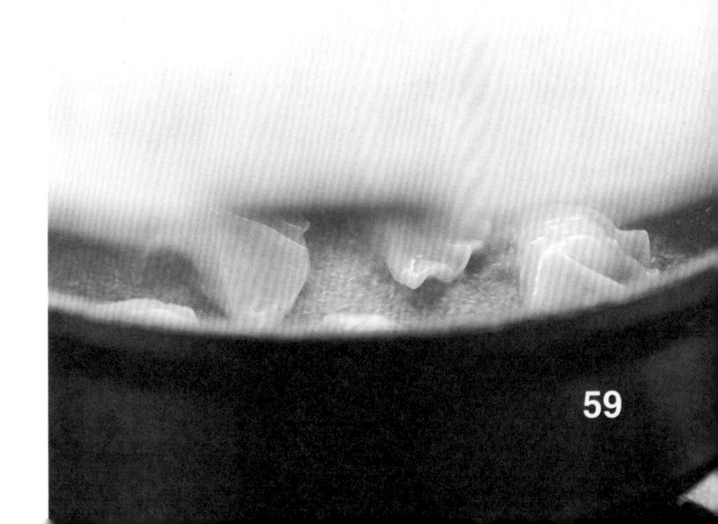

點心＆湯品｜可做4人份

酸辣湯

✧用具
大湯鍋

✧肉類
140克雞胸肉絲

✧食材
2支青蔥末

✧雜貨
4朵乾香菇
3大匙玉米粉（2小匙醃雞肉用）
2大匙濃醬油（1小匙醃雞肉用）
1公升雞高湯（作法見第40-41頁）
250克筍絲
$1\frac{1}{2}$大匙黑醋
1小匙白胡椒粉
2顆蛋，輕輕打散
125克板豆腐切成條狀

1 醃漬

乾香菇以滾水浸泡20分鐘至膨脹。接著取出將水分擠乾。香菇去除蒂頭後切末。雞肉連同2大匙玉米粉和1小匙醬油一起拌勻，然後放進冰箱中冷藏備用，使用時再取出。

2 烹煮

高湯倒入湯鍋中，以中火煮至沸騰。接著轉為小火，放進筍絲、香菇、2大匙醬油、醋和胡椒。煮1到2分鐘後將醃漬過的雞肉入鍋，再煮1到2分鐘。

3 上菜

將蛋液淋入鍋中。再放進豆腐和蔥末。3大匙玉米粉與60毫升的水調勻成玉米粉水，倒入湯中勾芡，以小火將湯煮至濃稠。起鍋前先嘗嘗味道，看看三種味道是否平均（香、鹹和酸）。可依需求再添加醬油、醋或是鹽巴。不同品牌所需的量也會有所不同，因此無法在此提供具體的分量。

蔬菜

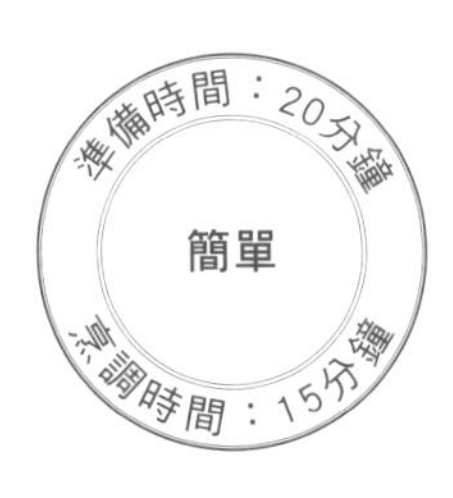

麻婆豆腐

✧用具
菜刀
炒鍋

✧肉類
100克豬絞肉

✧食材
2支青蔥末

✧雜貨
500克切成小四方體的板豆腐
3大匙辣豆瓣醬
1大匙豆豉
$1\frac{1}{2}$大匙淡醬油
$\frac{1}{2}$小匙辣椒粉
1小匙花椒
$1\frac{1}{2}$大匙糖
$1\frac{1}{2}$大匙玉米粉
250毫升蔬菜高湯

1 汆燙

豆腐放進微滾的鹽水中汆燙5分鐘，然後取出瀝乾水分備用。辣豆瓣醬入鍋炒熱後加入1½大匙的水。以小火邊煨煮邊攪拌至香味散發出來。

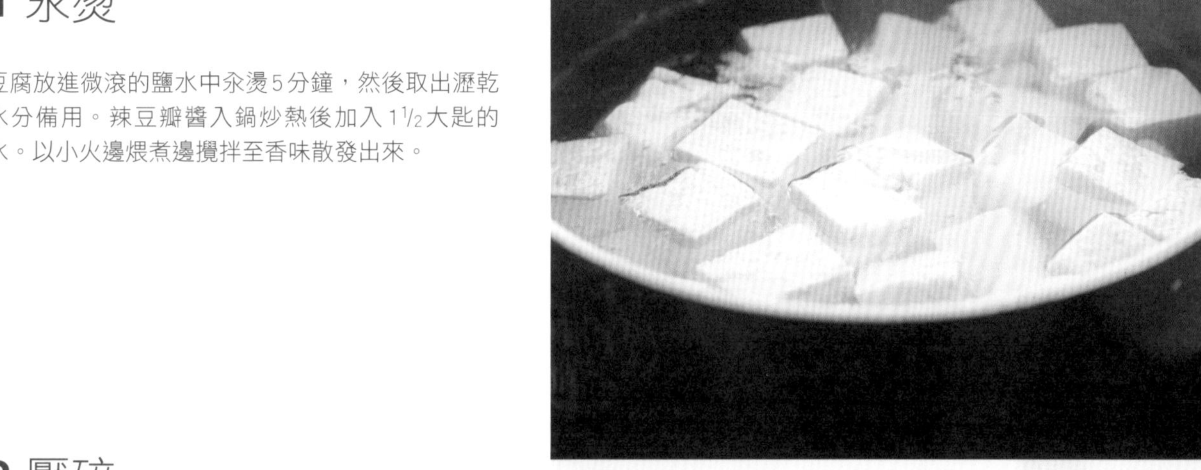

2 壓碎

豆豉壓碎後與絞肉和醬油放入鍋中一起拌炒。拌炒5分鐘至豬肉熟透。

3 烹調

將辣椒粉、花椒、糖和125毫升的水入鍋，繼續煮個2分鐘。

玉米粉先與一點高湯調勻成玉米粉水，然後倒入鍋中勾芡，再將剩餘的高湯一起入鍋，邊煮邊攪拌至濃稠。最後下豆腐和蔥末。待豆腐燒熱後即可起鍋享用。

蔬菜｜可做4人份

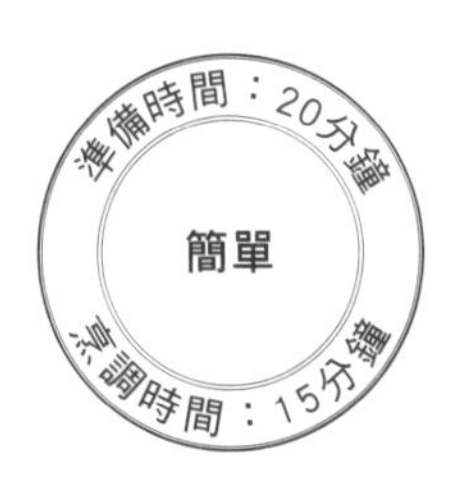

椒鹽酥炸豆腐

✧用具

砧板和一個重物
研磨缽杵或食物調理機
炒鍋
木筷子

✧雜貨

750克板豆腐
3大匙粗鹽
3大匙白胡椒粒
2小匙糖
1/2小匙五香粉
250克玉米粉
4個蛋白，輕輕打散
油炸用花生油

✧佐料

新鮮香菜葉

1 備料

在板豆腐上下各墊一張紙巾，於豆腐上面再壓塊砧板和一個重物（譬如一個罐頭），靜置20分鐘將板豆腐的水分壓乾。完成後切成四方體。

2 裹粉

鹽、胡椒和糖放入缽中，利用杵將食材磨成粉末狀。接著倒入大盤中，再加上五香粉和玉米粉混和均勻。將豆腐先沾上蛋液，再裹上一層粉料。

3 油炸

油倒入鍋中加熱。測試油溫方法：取一支木筷子，垂直插入油鍋中，如果筷子旁起泡，即代表油溫已達油炸溫度。將豆腐入鍋油炸2分鐘，炸至金黃酥脆，起鍋後鋪於紙巾上，吸去多餘油脂，吸油的同時，繼續將剩餘的豆腐也入鍋油炸（要分批炸個幾回）。趁熱享用。

雙菇炒麵

✧用具
網篩
湯鍋
炒鍋

✧食材
2粒蒜瓣切成末
1 1/2大匙新鮮薑末
130克筍片
200克鴻喜菇剝散
3支青蔥斜切成小段

✧雜貨
5朵乾香菇
300克乾的雞蛋麵
3大匙淡醬油
1 1/2大匙香菇素蠔油
1小匙香油
2小匙糖
1 1/2大匙花生油

1 浸泡

乾香菇放入一個能耐熱的容器中，倒入125毫升的滾水，浸泡15分鐘。待香菇泡軟後切去蒂頭，香菇切片。浸泡香菇的水過濾後備用。

2 水煮

麵條放進滾水中煮2分鐘，煮軟後取出瀝乾水分。

3 拌炒

將醬油、素蠔油、香油、糖和浸泡香菇的水混和均勻。
起鍋加熱花生油，將蒜末和薑末入鍋拌炒1分鐘。接著下筍片、鴻喜菇和香菇片，再拌炒3到5分鐘，炒至香菇軟化，接著淋入醬汁，並且煮至沸騰。最後將麵條和蔥段入鍋，快速翻炒，將麵條重新加熱後即可趁熱品嘗。

蔬菜｜可做2-4人份

清蒸豆腐

✧用具
蒸籠
炒鍋或大平底鍋

✧食材
$1\frac{1}{2}$大匙新鮮薑末
2支青蔥末

✧雜貨
300克嫩豆腐
3大匙黑醋
$\frac{1}{2}$小匙香油
$\frac{1}{2}$小匙白胡椒粉
$1\frac{1}{2}$大匙海鮮醬

1 切

將豆腐的水分擦乾後切八塊。

2 蒸

豆腐擺入蒸籠中，蓋上鍋蓋，以大火蒸10分鐘。接著輕輕地將豆腐取出並瀝乾水分。

3 調味

薑末、醋、香油、白胡椒粉和海鮮醬放入碗中調勻。將調好的醬汁淋在豆腐上，並撒上青蔥點綴即可。

蠔油芥藍

✧用具
大的蒸籠
炒鍋或大平底鍋

✧食材
500克芥藍

✧雜貨
1小匙香油
3大匙蠔油（或素蠔油）

1 切

芥藍洗淨後切段。

2 蒸

將芥藍擺入蒸籠中，蓋上蓋子。鍋中的水保持微微滾沸的狀態，蒸3分鐘。

3 上菜

完成後盛入大盤中，淋上蠔油、香油即可。

蔬菜｜可做4人份

炒鮮蔬

✧用具
炒鍋

✧食材
200克大白菜
1根紅蘿蔔
100克玉米筍
2粒蒜瓣切成末
$1\frac{1}{2}$大匙新鮮薑末
1顆洋蔥，一切為四
150克荷蘭豆
50克豆芽菜

✧雜貨
$\frac{1}{2}$小匙香油
$1\frac{1}{2}$大匙蔬菜油
3大匙淡醬油
3大匙蠔油或$1\frac{1}{2}$大匙黑醋
1小匙糖
1小匙玉米粉

1 切

白菜略為切碎；紅蘿蔔切片；玉米筍縱向一切為二。

2 炒

香油和蔬菜油一起倒入鍋中加熱，並將蒜末、薑末和洋蔥塊以中火爆香。約炒3分鐘後再將紅蘿蔔、玉米筍和大白菜下鍋。繼續炒個3分鐘，炒至蔬菜剛好軟化。

3 上菜

最後加入荷蘭豆、豆芽、醬油、蠔油（或黑醋）和糖，一起拌炒個2分鐘。玉米粉和 $1\frac{1}{2}$ 大匙的水調勻成玉米粉水，然後淋入鍋中勾芡，快速翻炒使醬汁成濃稠狀。起鍋趁熱品嘗。

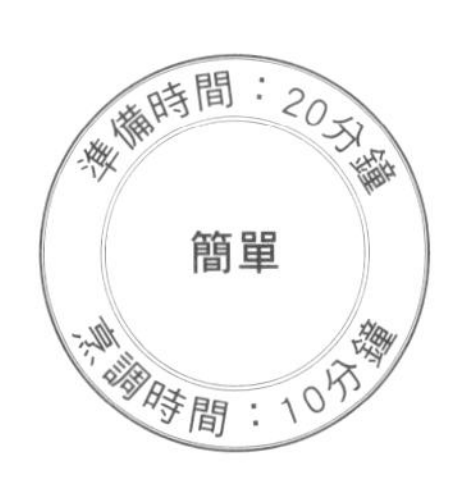

蔬菜煎蛋

✧用具
叉子
炒鍋

✧工具
1粒蒜瓣切成末
2支青蔥末
100克綠蘆筍
100克新鮮香菇
100克豆芽菜

✧雜貨
4顆蛋
3大匙油
1小匙紹興酒
1小匙黑醋
1/2小匙白胡椒粉
3大匙蠔油

✧佐料
新鮮香菜葉

1 打蛋

將蛋於碗中打散。
先取一半分量的油倒入鍋中加熱，將蒜末和蔥末入鍋，拌炒約3分鐘。

2 切絲

蘆筍切成5公分段狀；香菇切絲。將蘆筍、香菇、一半份量的豆芽菜、紹興酒、醋和白胡椒入鍋，再拌炒2到3分鐘，直到蔬菜軟化。取出蔬菜，稍微放涼。

3 烹調

剩下的油倒入鍋中加熱。開始冒煙時即可倒入打散的蛋，並搖動鍋子。當蛋開始冒泡時即可將蔬菜入鍋；同時也要將蛋的邊緣鏟一鏟，讓蛋能夠在鍋中滑動均勻受熱。接著輕輕地將蛋翻面，再煎1分鐘即可盛入盤中。以剩餘的豆芽點綴，淋上蠔油，撒上香菜葉，即可趁熱享用。

腰果蔬菜麵

✧用具
炒鍋

✧食材
2粒蒜瓣，切成末
$1\frac{1}{2}$大匙新鮮薑末
1根紅辣椒，去籽切成絲
1根紅蘿蔔，切成薄片
100克新鮮香菇絲
3大匙香菜梗末
250克青菜碎
2支青蔥末

✧雜貨
3大匙油
50克新鮮腰果
500克新鮮米線（或福建麵）
$\frac{1}{2}$小匙粗粒黑胡椒
4大匙淡醬油

1 切

先將一半分量的油倒入鍋中加熱，然後將腰果放入鍋中，蓋上鍋蓋，炒3分鐘至上色。略為切碎備用。

2 拌炒

將剩餘的油倒入鍋中，然後放入大蒜、薑末和辣椒絲拌炒1分鐘。接著下紅蘿蔔片、香菇和一半分量的香菜，炒3分鐘至蔬菜軟化。

3 上菜

加入米線、青菜、青蔥、胡椒和醬油，煮至米線變軟。最後將腰果和剩餘的香菜入鍋拌勻即可。

檸檬盅木瓜沙拉

✧用具
研磨剝杵

✧食材
3顆大的綠檸檬
120克青木瓜絲
1小匙紅辣椒末（可有可無）
50克櫻桃番茄
2小匙蝦米
1大匙烤過的花生碎
1大匙油蔥酥

✧醬汁所需食材
1大匙切碎棕櫚糖或二砂糖
2大匙檸檬汁
1大匙魚露

1 切

檸檬剖半後利用湯匙將果肉挖出。將底部切掉一點，好讓檸檬能夠立穩。靜置備用。

2 拌

將木瓜絲、蝦米、辣椒（如有使用的話）和櫻桃番茄放入缽中，番茄搗碎後將所有食材混和均勻。完成後倒入大碗中，然後加入花生碎和油蔥酥。

3 調味

製作醬汁：糖、檸檬汁和魚露放入碗中攪拌均勻。醬汁倒入沙拉中，與食材混和均勻。將製作完成的沙拉盛入檸檬內即可。

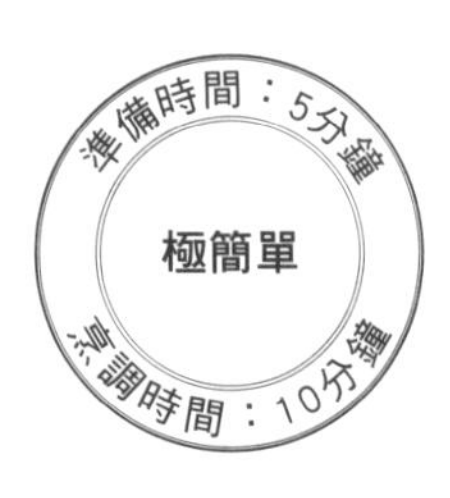

蔬菜｜可做4-6人份

辣香油蔥青江菜

✧用具
炒鍋
竹蒸籠

✧食材
4根小紅辣椒
3粒紅蔥頭或紫洋蔥，切碎
3株青江菜，縱向切半

✧雜貨
花生油
1小匙香油
$1\frac{1}{2}$大匙蠔油或香菇素蠔油

✧蘸醬
蠔油

1 炸

花生油入鍋加熱至微微滾沸，然後將辣椒和紅蔥頭下鍋油炸2分鐘，或炸至酥脆即可。起鍋以紙巾吸去多餘油脂。

2 蒸

青江菜擺入蒸籠中，並架於滾水上，蓋上蓋子，將蔬菜蒸至熟軟。

3 拌

將青江菜取出盛入盤中，澆淋上蠔油和香油，再以紅蔥酥和炸辣椒點綴即可。

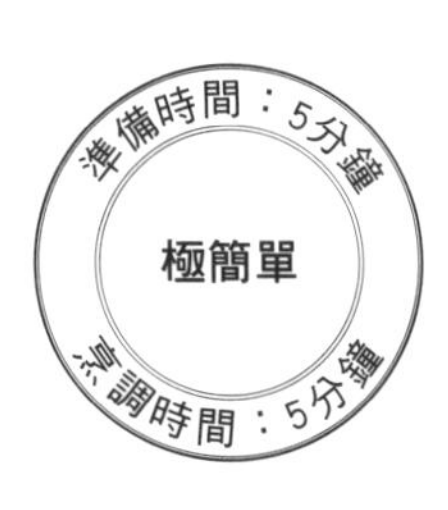

玉米筍佐甜辣醬

✧用具
炒鍋

✧食材
100克玉米筍

✧雜貨
1大匙甜辣醬
1大匙檸檬汁
¼小匙香油
1大匙花生油

✧蘸醬
辣味紅醋

1 切

玉米筍縱向剖半。

2 拌

玉米筍、甜辣醬、檸檬汁和香油放入碗中混和均勻，使玉米筍裹覆上醬汁。

3 炒

起鍋將花生油燒熱至開始冒煙時，即可下玉米筍和醬汁。拌炒至醬汁濃稠即可起鍋。

蔬菜｜可做4人份的配菜

蠔油荷蘭豆

✧用具

炒鍋

✧食材

250克荷蘭豆
2大匙蒜苗末

✧雜貨

1大匙花生油
1大匙蠔油

1 洗淨

烹調前先將荷蘭豆洗淨。

2 拌炒

起鍋熱油，將荷蘭豆與1大匙的水入鍋，以大火拌炒2分鐘或炒至荷蘭豆呈深綠色即可。

3 上菜

最後撒入蒜苗末，再炒個1分鐘即可盛盤。淋上蠔油即可。

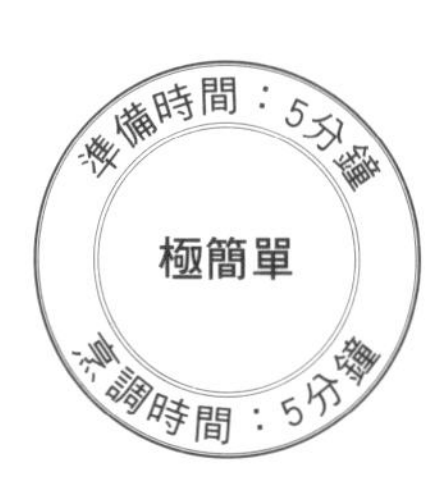

蒜薑蘆筍

✧用具
炒鍋

✧食材
200克蘆筍
1粒蒜瓣切成末
1大匙新鮮薑絲

✧雜貨
1大匙花生油
3個八角
2大匙味醂
2小匙清酒
2小匙淡醬油

✧蘸醬
隨喜（味醂、清酒、醬油）

1 切

將薑切成細絲。

2 炒

起鍋熱油，將大蒜、薑絲、八角、蘆筍及1大匙的水入鍋，以大火拌炒，炒至蘆筍口感爽脆。

3 調味

淋入味醂、清酒和醬油，再炒1至2分鐘，使蘆筍沾附上醬汁即可。

海鮮

辣炒蛤蜊

✧用具
毛刷
炒鍋

✧海鮮
1.5公斤蛤蜊

✧食材
3粒蒜瓣切成末
$1\frac{1}{2}$大匙新鮮薑末
2支青蔥末
4大匙豆瓣醬
3大匙紹興酒
$1\frac{1}{2}$大匙醬油
60毫升雞高湯（作法見第40-41頁）

✧雜貨
$1\frac{1}{2}$大匙花生油
1小匙糖

✧佐料
新鮮香菜葉

1 清洗

將蛤蜊浸泡於水中1個小時吐沙。利用毛刷將外殼刷洗乾淨。

2 拌炒

起鍋熱油，將大蒜、薑末和蔥末下鍋，以大火拌炒2分鐘。

3 烹煮

將蛤蜊、豆瓣醬、糖、紹興酒、醬油和高湯入鍋，蓋上鍋蓋悶煮3分鐘。待蛤蜊開口即可起鍋（丟棄那些未開口的）。品嘗前再撒上香菜末。

海鮮｜可做4人份

鮮蝦三肉炒飯

✧用具
炒鍋

✧肉類
150克公牛瘦肉絲
150克雞胸肉絲
2條臘腸切片

✧海鮮
150克蝦仁

✧食材
2粒蒜瓣拍碎
1根紅蘿蔔絲
200克白菜或芥藍，略為切碎
150克豌豆仁
2支青蔥末

✧雜貨
3大匙花生油
3顆蛋，輕輕打散
$1\frac{1}{2}$大匙波特酒
1大匙糖
1大匙蠔油
3大匙醬油
740克白飯

1 備料

將1大匙的油倒入鍋中加熱，蛋入鍋煎成蛋皮後取出，接著捲起並切成細絲。

2 拌炒

利用廚房紙巾將鍋面擦拭一下，然後倒入另外1大匙的油。油燒熱後將牛肉、雞肉和臘腸入鍋，以小火炒個3分鐘。倒入波特酒再煮1分鐘。起鍋保溫備用。

3 上菜

利用剩下的油爆香大蒜，然後將紅蘿蔔絲下鍋炒軟，約莫2分鐘。接著放蝦仁和白菜（或芥藍），炒個2分鐘，炒至蝦仁呈淡粉色、蔬菜也軟塌，再放進豌豆仁炒1分鐘。以糖、蠔油和醬油調味，最後將肉類（牛肉、雞肉和臘腸）和白飯下鍋，將所有食材翻炒均勻即可。

以蛋絲點綴，並撒上蔥花後，趁熱品嘗。

芝麻蜜汁蝦仁

✧用具
小湯鍋
炒鍋
筷子
漏勺或夾子

✧海鮮
600克蝦仁

✧食材
40克玉米粉
125毫升蜂蜜
375毫升花生油
4大匙白芝麻

✧麵糊所需食材
90克自發麵粉
30克玉米粉
1/4小匙鹽
1/4小匙白胡椒
1小匙泡打粉

✧佐料
檸檬瓣
白飯

1 備料

將蝦仁放進玉米粉中沾裹上一層粉料，完成後將多餘的粉抖掉。
製作麵糊：將麵粉、玉米粉、鹽、胡椒粉和泡打粉篩入容器中。倒進250毫升的水，攪拌成滑順的麵糊。蜂蜜倒進小湯鍋中，以小火加熱。

2 油炸

起鍋熱油。將12隻蝦仁裹上麵糊後入鍋油炸2分鐘，油炸的同時小心地將蝦仁翻面。當蝦仁呈金黃色時即可起鍋，放置於廚房紙巾上吸去多餘的油脂。同時繼續將其餘的蝦仁入鍋油炸（須分批炸個幾回）。

3 沾裹

將炸好的蝦仁擺入大盤中。淋上熱蜂蜜並撒上白芝麻。搭配白飯一起享用。

海鮮 | 可做4-6人份

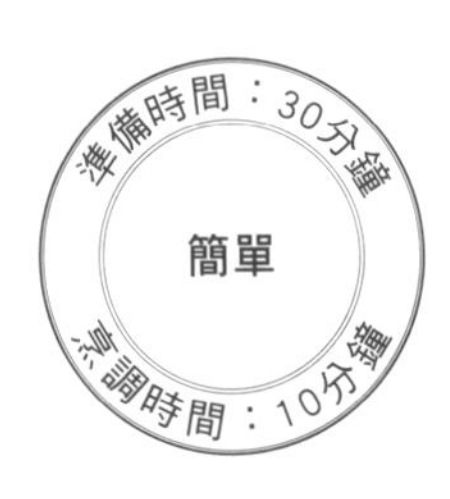

香辣花枝

✧用具
研磨缽杵或食物調理機
炒鍋
筷子或夾子

✧海鮮
300克洗淨花枝

✧食材
1根紅辣椒

✧麵糊所需食材
$1\frac{1}{2}$大匙海鹽
1大匙黑胡椒粒
$\frac{1}{4}$小匙辣椒粉
2小匙糖
60克玉米粉
125克炸蝦粉或麵粉
1個蛋白，輕輕打散
油炸用花生油

✧佐料
檸檬瓣（可用可無）

1 切

辣椒去籽切絲。

2 調味

將花枝切成圈狀。觸鬚一切為二。
將鹽、胡椒、辣椒和糖放入缽中或是食物調理機中打成粉末。完成後倒入碗中。接著將玉米粉和麵粉放進碗中混和均勻。花枝圈先沾上一層蛋白，然後放進粉料中再裹上一層粉。

3 油炸

起鍋熱油，燒熱至筷子放入油鍋中會起泡的程度。以中火分批將花枝下鍋油炸 2 分鐘或是炸至金黃酥脆。
起鍋後放置於廚房紙巾上吸去多餘油脂，油炸其他花枝的同時，先將已炸好的保溫。搭配檸檬一起享用（可有可無）。

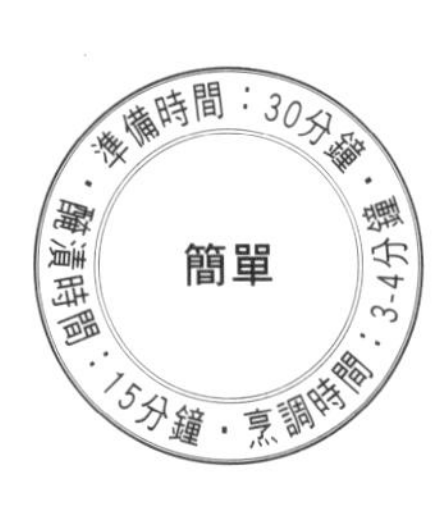

蒜香蒸蝦

✧用具
大的蒸籠
炒鍋

✧海鮮
16尾去殼大蝦

✧食材
2到3大粒蒜瓣切末
2小匙新鮮薑末
1根去籽切末的泰國辣椒
1支青蔥末
幾片香菜葉

✧雜貨
$1\frac{1}{2}$大匙紹興酒
1小匙香油
1到2小匙醬油

1 備料

蝦子去殼，只保留尾部。利用刀尖將蝦背剖開。

2 拌合

將蝦子連同大蒜、薑末、辣椒、紹興酒和香油放進容器中，一起攪拌均勻後靜置醃漬15分鐘。

3 蒸

醃漬的同時，將水倒入鍋中 1/3 深處，然後煮滾。找一個大蒸籠，在裡頭擺一個比蒸籠小一點的盤子，將蝦子排入盤中，撒上蔥末，蓋上蓋子蒸3到4分鐘。食用時淋上醬油，再以香菜葉點綴。搭配白飯和炒青菜一起享用（高麗菜或是芥藍菜）。

海鮮 | 可做2-4人份

蝦仁煎蛋

✧用具
炒鍋

✧海鮮
250克切成小塊狀的蝦仁

✧食材
2支青蔥末
1粒蒜瓣切末
2小匙新鮮薑末
50克豆芽菜
$1\frac{1}{2}$大匙韭菜末（新鮮或冷凍）
幾片新鮮點綴用香菜葉

✧雜貨
4顆蛋
4大匙油
$\frac{1}{2}$小匙白胡椒粉
1小匙紹興酒
1小匙淡醬油
$\frac{1}{2}$小匙香油
4大匙蠔油
1根去籽切末的紅辣椒

1 拌炒

蛋放進碗中打散。先取一半分量的油倒入鍋中加熱，然後將青蔥、蒜末、蝦仁、豆芽和胡椒粉下鍋拌炒3分鐘，待蝦仁變色時即可起鍋，靜置降溫備用。

2 拌合

將蛋、紹興酒、醬油和香油倒入蝦仁中，再放進韭菜末一起攪拌均勻。

3 油煎

剩餘的油倒入鍋中加熱。開始冒煙時即可將拌好的蔬菜蛋液倒入鍋中。待邊緣開始凝固，利用叉子輕輕地刮起，並且搖動鍋子，使蛋液均勻沾覆於鍋面上。小心地將煎蛋翻面，另一面再煎1分鐘即可起鍋，淋上蠔油並撒上辣椒和香菜。趁熱品嘗。

五香花枝

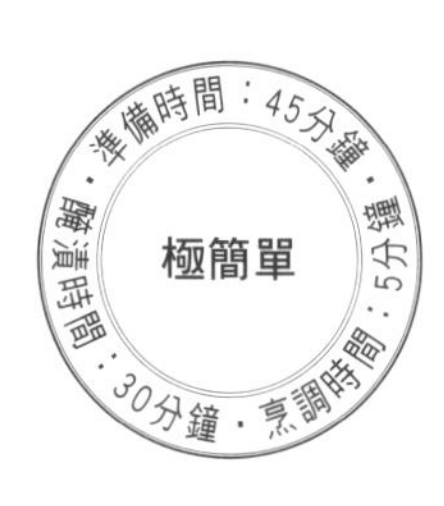

✧用具
炒鍋

✧海鮮
300克小花枝

✧食材
1粒蒜瓣切末

✧雜貨
1/4小匙五香粉
1大匙紹興酒
1大匙淡醬油
2小匙糖
1大匙花生油

1 切

花枝洗淨後切成圈狀（花枝觸角同樣切小塊狀）。

2 醃

將花枝、蒜末、五香粉、紹興酒、醬油和糖放進大碗中混和均勻。覆蓋上保鮮膜後放進冰箱冰鎮醃漬30分鐘。

3 炒

起鍋熱油，以大火將花枝連同醃料入鍋炒5分鐘，炒至花枝熟軟，醬汁收濃即可。

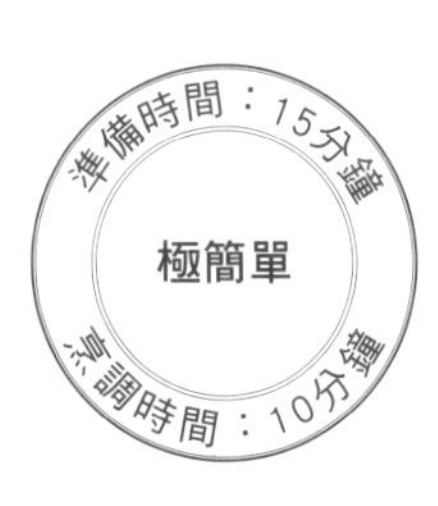

香茅串蝦

✧用具
食物調理機
烤肉架或底部有直條紋的鍋子

✧海鮮
250克蝦子

✧食材
1支青蔥末
1粒蒜瓣切末
2支香茅，修剪成棒狀

✧雜貨
2小匙魚露
2小匙切碎棕櫚糖或二砂糖
¼小匙粗粒黑胡椒
1大匙油

✧佐料
檸檬瓣
水蘸汁（作法見第27頁）

1 備料

蝦子剝殼去除腸泥後切成小塊。

2 攪打

將蝦子、青蔥、大蒜、魚露、糖和胡椒放進食物調理機中攪打成泥。
雙手沾溼，取1大匙的蝦泥，並將蝦泥包於香茅棒上，做成一個小團狀。

3 火烤

烤肉架點火或將鍋子加熱。蝦泥上先刷些油，然後放在烤架上或鍋中烤5分鐘，或烤至顏色呈金黃且熟透。搭配檸檬瓣和水蘸汁一起享用。

海鮮｜可做8人份

青檸蝦串

✧用具
8支竹籤
炙烤盤

✧海鮮
16尾大蝦

✧食材
16片泰國青檸葉

✧雜貨
3大匙魚露
2大匙切碎棕櫚糖或二砂糖
1大匙葵花油

✧佐料
2顆各切為四瓣的檸檬

1 浸泡

將8支竹籤浸泡於冷水中15分鐘，避免竹籤烤焦。蝦子剝殼，保留尾部，並去除腸泥，然後於每支竹籤上交替串上2尾蝦和2片青檸葉。

2 拌合

魚露和糖放入碗中混和均勻，接著將蝦子塗抹上醬汁。冰鎮2小時。

3 炙烤

將蝦子放置於刷了一層薄薄油脂的烤盤上。烤至顏色呈橙紅且熟透。最後，再串上一個檸檬瓣即可享用。

家禽肉

宮保雞丁

✧用具
炒鍋

✧肉類
1公斤雞胸肉

✧食材
2根乾辣椒去籽拍碎
2支青蔥末
2粒蒜瓣切成末

✧雜貨
3大匙濃醬油
1小匙香油
1½大匙玉米粉
4大匙油
1小匙花椒粒
3大匙糖
1小匙鹽
3大匙黑醋
1½大匙淡醬油
80克烤過的花生米

✧搭配
白飯

1 切

雞胸肉切丁。

2 醃

將濃醬油、香油、玉米粉放進容器中混和均勻。放入雞丁，攪拌使雞肉裹上一層醬汁。

3 炒

起鍋熱油，以大火將雞丁炒5分鐘至上色。當雞肉差不多熟時，即可將辣椒、花椒、青蔥和大蒜入鍋，再拌炒個2分鐘後下糖、鹽、醋和淡醬油。持續翻炒至醬汁濃稠後撒上花生米，再炒個2分鐘即可。可搭配白飯一起享用。

辣味腰果炒雞丁

✧用具
炒鍋

✧肉類
500克雞胸肉條

✧食材
1根紅辣椒
1½大匙新鮮薑末
2粒蒜瓣切末
1把芥藍，洗淨切段

✧雜貨
2大匙花生油
100克原味腰果
1小匙乾辣椒粉
3大匙蠔油
1小匙糖

1 切

辣椒去籽切絲。

2 瀝油

起鍋熱油，將腰果炸至金黃色。完成後，放置於廚房紙巾上吸去多餘油脂。

3 拌炒

利用相同的鍋，將辣椒絲、薑末和蒜末入鍋爆炒2分鐘。接著下雞丁，以大火炒5分鐘。當雞肉上色時即可將腰果，連同芥藍、蠔油、糖和辣椒粉一起入鍋。再炒2到3分鐘，炒至芥藍熟軟即可起鍋。趁熱品嘗。

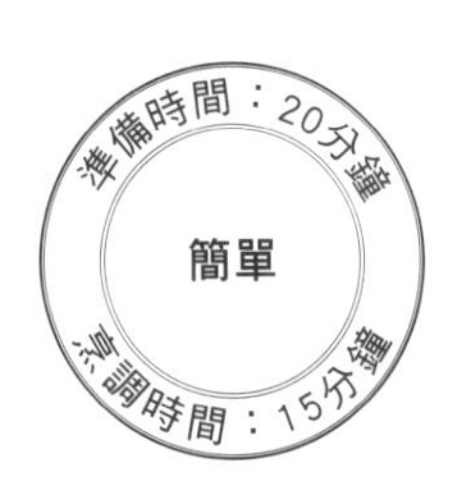

雞肉炒麵

✧用具
網篩
炒鍋

✧肉類
300克雞胸肉絲

✧食材
3支青蔥末
2支芹菜切片
100克新鮮香菇絲
1顆紅椒切條狀
200克切成小束的青花菜
125克豆芽菜

✧雜貨
200克乾燥中華雞蛋麵
4大匙油
500毫升雞高湯（作法見第40-41頁）
$1\frac{1}{2}$大匙醬油
$1\frac{1}{2}$大匙蠔油
$1\frac{1}{2}$大匙玉米粉

1 備料

麵放進容器中，倒入滾水覆蓋過麵條，浸泡5分鐘使其軟化。接著置於冷水下快速地沖一沖，然後瀝乾並放置於廚房紙巾上吸乾多餘的水分。
於鍋中燒熱2大匙的油，將麵條下鍋炒5分鐘。完成後盛入盤中保溫備用。

2 拌炒

利用廚房紙巾將鍋子擦拭乾淨。燒熱剩餘的油後將雞肉入鍋，以中火炒至上色。當雞肉上色熟軟後即可將青蔥、芹菜、香菇、紅椒、花椰菜和3大匙的高湯入鍋。待食材在鍋中拌炒3分鐘，炒至蔬菜熟軟。

3 上菜

拌入豆芽菜。倒入剩餘的高湯、醬油和蠔油，然後煮至沸騰。玉米粉和2到3大匙的水調勻成玉米粉水後淋入鍋中，快速攪拌將湯汁勾芡。最後，將所有食材淋於麵上。趁熱品嘗。

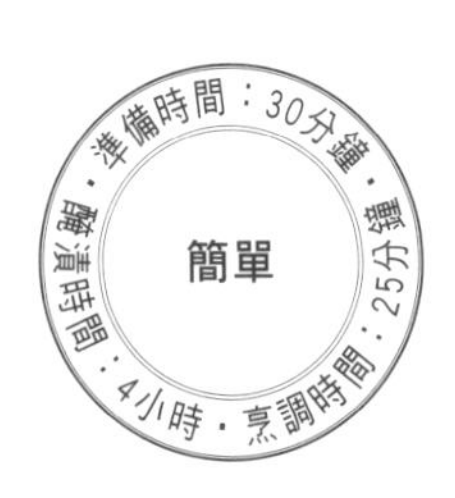

檸檬炸雞

✧用具
炒鍋
漏勺或夾子

✧肉類
750克雞胸肉絲

✧食材
$1\frac{1}{2}$大匙新鮮薑末

✧雜貨
$1\frac{1}{2}$大匙淡醬油
3大匙紹興酒
1顆蛋，輕輕打散
260克玉米粉
$\frac{1}{2}$小匙鹽
$\frac{1}{2}$小匙白胡椒粉
油炸用花生油

✧蘸醬所需食材
$5\frac{1}{2}$大匙檸檬汁
3大匙白醋
250毫升雞高湯（作法見第40-41頁）
3大匙糖
$\frac{1}{2}$小匙香油
2小匙玉米粉
2支青蔥末

1 醃漬

將雞肉絲、醬油、紹興酒和薑末放進容器中拌勻。蓋上一層保鮮膜並放進冰箱中冰鎮醃漬至少4個小時。

2 裹粉

醃漬完成後將蛋液倒進雞肉中拌勻。取個碗，將玉米粉、鹽和胡椒混和均勻。

3 油炸

起鍋熱油。當油開始冒煙時，將幾塊雞肉丟進粉料中，沾裹上粉後入鍋油炸3到5分鐘，炸至金黃酥脆。分個幾回，將所有雞肉炸熟。將雞肉放置於廚房紙巾上吸去多餘油脂。
製作蘸醬。將檸檬汁、醋、高湯、糖、香油和玉米粉攪打均勻。將調好的醬汁入鍋，邊煮邊攪拌至沸騰，並煮至濃稠。完成後淋上雞肉，再撒上蔥花即可。

鮮蔬雞肉炒麵

✧用具
炒鍋

✧肉類
400克雞胸肉絲

✧食材
200克綠蘆筍
100克玉米筍
2粒蒜瓣切末
$1\frac{1}{2}$大匙新鮮薑末
3支青蔥末
130克洗淨且瀝乾的荸薺
100克荷蘭豆

✧雜貨
300克新鮮福建麵
$1\frac{1}{2}$大匙油
4大匙紹興酒
4大匙蠔油
2小匙糖

1 備料

蘆筍切段；玉米筍縱向一剖為二。將切好的蔬菜備用。
麵放進大碗中，以滾水覆蓋浸泡10分鐘。
當麵軟化後取出瀝乾水分，並小心地將麵條分開。

2 拌炒

起鍋熱油，將雞肉入鍋，以大火拌炒3分鐘。

3 調味

將蒜末、薑末和蔥末入鍋拌炒2分鐘。接著下荸薺、蘆筍、玉米筍和扁豆，再炒個3分鐘。當蔬菜軟化後即可放入麵條，並將麵條炒熱。另取個碗，於碗中倒入紹興酒、蠔油和糖一起混和均勻。接著將混和好的醬汁倒入鍋中，拌炒至湯汁沸騰後即可起鍋。趁熱品嘗。

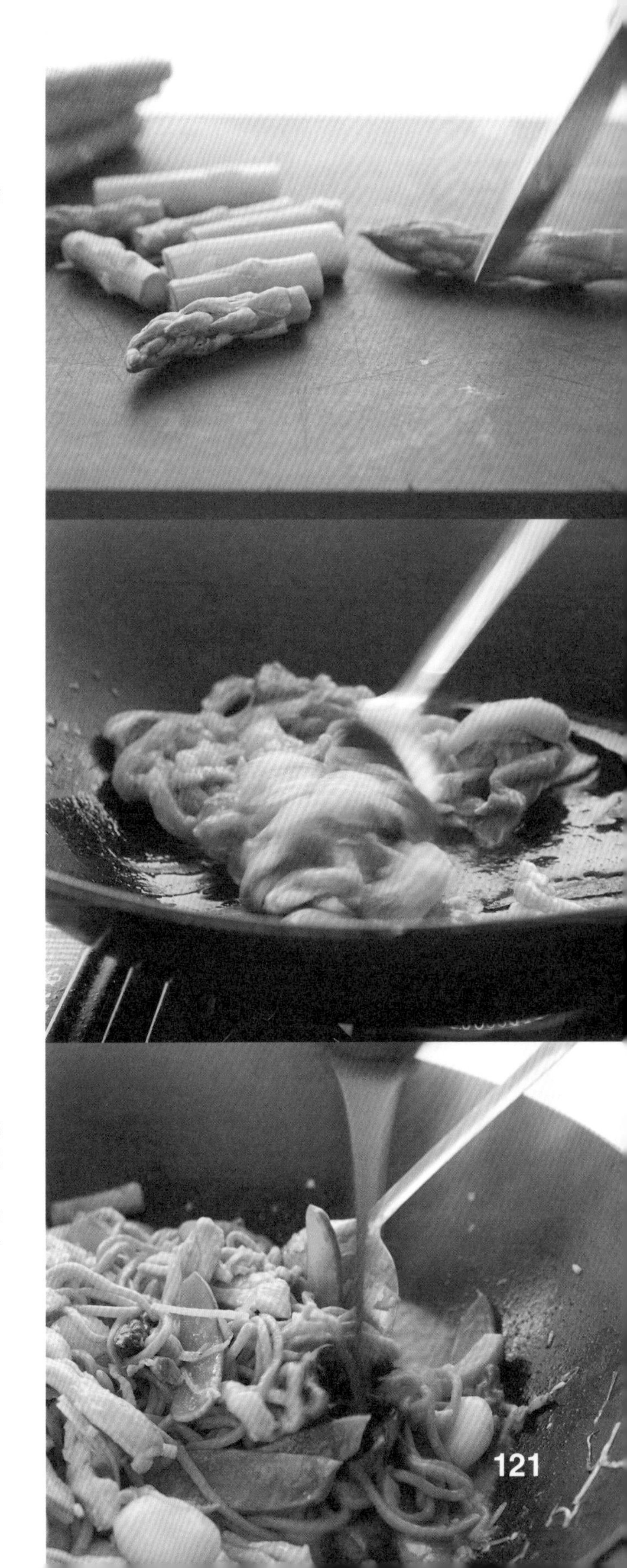

家禽肉｜可做4-6人份

蜜汁雞翅

✧用具
烤盤或焗烤盤

✧肉類
1.5公斤雞翅

✧食材
1公分新鮮生薑切末
3粒蒜瓣切末

✧雜貨
75毫升海鮮醬
2大匙蜂蜜
2小匙香油
60毫升番茄醬
1½大匙白芝麻
1½大匙辣椒醬

1 切

雞翅於關節處一切為二，分為小雞翅與棒棒腿。

2 醃

製作醃醬：將海鮮醬、蜂蜜、香油、番茄醬、白芝麻、薑末、蒜末和辣椒醬放入大碗中混和均勻。將雞肉放入醬汁中，與醃醬一起攪拌均勻。蓋上一層保鮮膜，放進冰箱冰鎮醃漬至少4個小時。

3 烤

以180℃預熱烤箱。將雞肉鋪排於烤盤中，進烤箱烤50到60分鐘，中途將雞肉翻個面。烤好的雞肉外表會形成一層焦香的焦糖。

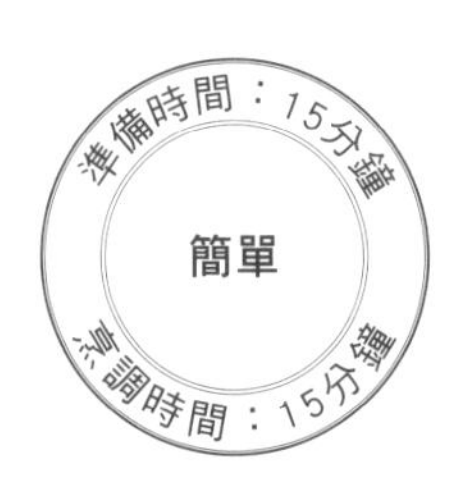

蜂蜜芝麻炒雞肉

✧用具
炒鍋

✧肉類
500克雞胸肉

✧食材
1大匙新鮮薑末
3支青蔥切成4公分的段狀
1把芥藍切段

✧雜貨
1小匙香油
1½大匙蔬菜油
½小匙五香粉
4大匙淡醬油
1½大匙蠔油
2到3大匙蜂蜜
1小匙玉米粉
3大匙烤過的白芝麻

✧搭配
新鮮香菜葉
白飯

1 切

雞胸肉切成條狀。

2 炒

香油和蔬菜油一起倒入鍋中加熱，以大火將雞肉炒至上色。加入薑末和蔥段炒2分鐘後再下芥藍，淋入2大匙的水，拌炒至蔬菜軟塌。

3 拌

五香粉、醬油、蠔油、蜂蜜和玉米粉放入碗中混和均勻。將調好的醬汁倒入鍋中，以大火翻炒至醬汁呈濃稠狀。離火撒上白芝麻。起鍋以香菜葉點綴，趁熱享用。

家禽肉｜可做4-6人份

白灼雞肉

✧用具

大湯鍋

✧肉類

1.5公斤的全雞

✧食材

6支切成5公分段狀的青蔥，熬湯用＋3支青蔥末，上菜用

8粒蒜瓣，去除外膜後一切為二

200克新鮮生薑切片

✧雜貨

750毫升紹興酒

$1\frac{1}{2}$大匙糖

$1\frac{1}{2}$大匙鹽

3大匙新鮮生薑絲

✧蘸醬所需食材

3大匙花生油

$1\frac{1}{2}$大匙香油

2大匙淡醬油

$1\frac{1}{2}$小匙糖

1 洗淨

全雞洗淨後利用廚房紙巾擦乾。

2 烹煮

湯鍋中倒入5公升的水、紹興酒、蔥段、大蒜、薑片、糖和鹽。煮滾後改小火。接著將雞入鍋，要注意雞肉不要煮焦了。先將全雞在鍋中煮15分鐘，不須加蓋。接著離火，蓋上鍋蓋，待雞肉在高湯中靜置冷卻3個鐘頭。完成後將全雞取出，瀝乾水分並切塊。也可以去骨、去皮。

3 調味

將所有蘸醬的食材放進碗中混和均勻。澆淋於雞肉上，再以蔥末、薑絲點綴。趁熱品嘗。

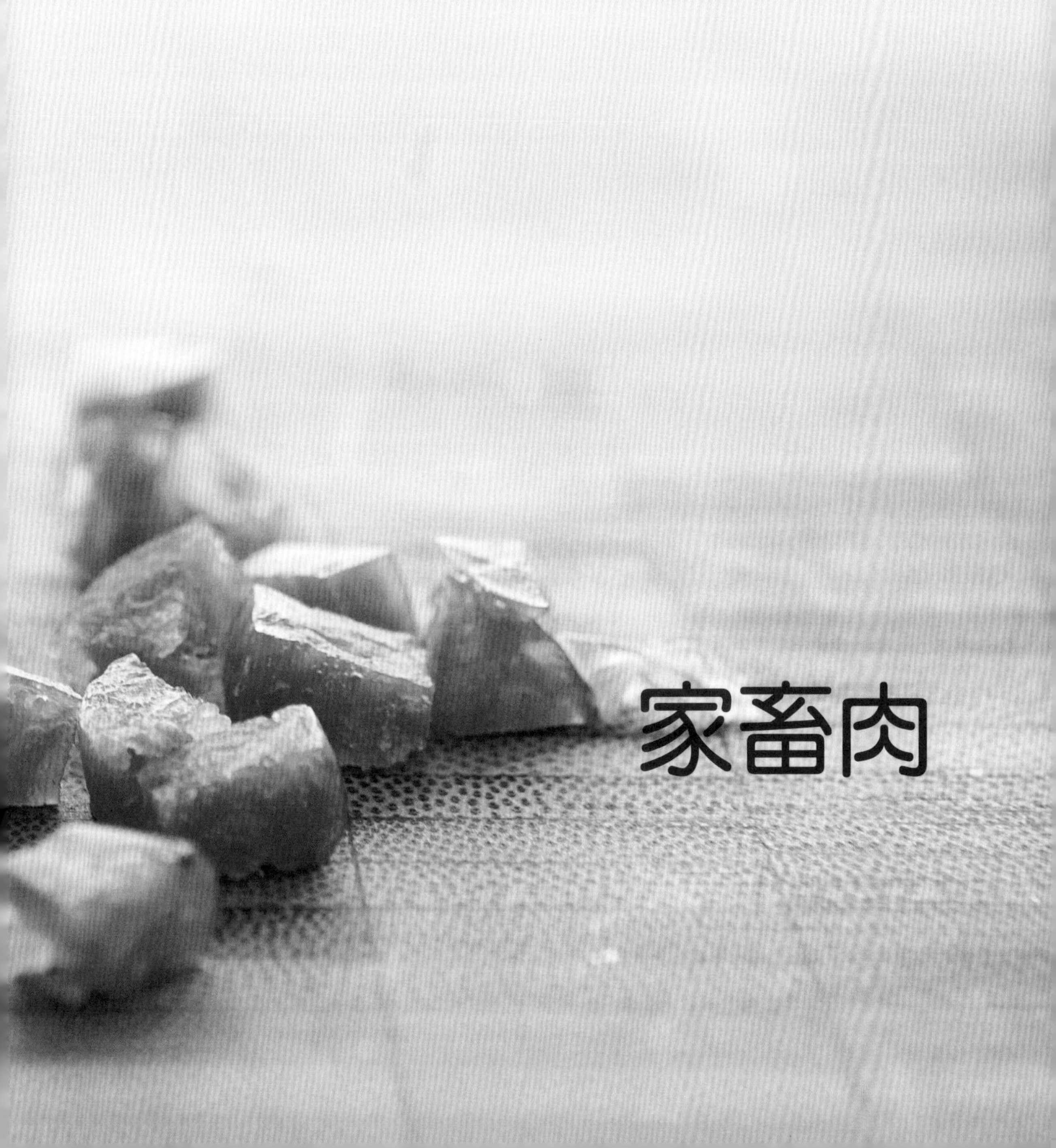

家畜肉

豆豉炒牛肉

✧用具
炒鍋

✧肉類
400克菲力牛肉絲

✧食材
1顆洋蔥切絲
2粒蒜瓣切片
100克荷蘭豆

✧雜貨
$1\frac{1}{2}$大匙醬油
$1\frac{1}{2}$大匙紹興酒
3大匙花生油
$\frac{1}{2}$小匙香油
$1\frac{1}{2}$大匙豆豉（洗淨切碎）
1小匙糖
2小匙玉米粉

✧搭配
白飯

1 備料

醬油和紹興酒倒入玻璃碗中混和成醃醬。將牛肉絲放進醬料中拌勻，覆蓋上保鮮膜，醃漬30分鐘。

2 拌炒

花生油和香油加熱後將洋蔥絲、蒜片下鍋爆炒3分鐘。取出牛肉絲，瀝乾醃醬後入鍋炒5分鐘。待牛肉炒軟後即可下荷蘭豆、豆豉和糖。

3 上菜

玉米粉和125毫升的水調勻後倒入鍋中，煮2分鐘將湯汁勾芡後，起鍋趁熱享用。

蜜汁叉燒

✧用具
烤架
烤盤
刷子

✧肉類
1公斤豬肋條

✧食材
4粒蒜瓣去膜

✧雜貨
4大匙糖
$1\frac{1}{2}$大匙巴沙米哥醋
250毫升紹興酒
250毫升海鮮醬
250毫升叉燒醬
$1\frac{1}{2}$大匙淡醬油
3大匙蜂蜜

✧搭配
白飯
青江菜
蔥花
海鮮醬

1 醃

里肌肉切成大塊狀後放入玻璃容器中。將大蒜、糖、醋、紹興酒、海鮮醬、叉燒醬和醬油放進碗中混和均勻。再將醬料淋入里肌肉中，使里肌肉裹覆上醃料，然後蓋上一層保鮮膜，冷藏醃漬至少2個小時。

2 烤

以240℃預熱烤箱。將豬肉擺上烤架，於底部的烤盤內倒入一半的水。進烤箱烤30分鐘，烤至叉燒軟嫩。

3 刷

將蜂蜜倒入小湯鍋中煮滾，然後刷於叉燒表面。靜置放涼。冷卻後切片，搭配白飯和炒青菜一同享用。

乾炒牛河

✧用具
炒鍋

✧肉類
200克切成薄片的牛後腿肉

✧食材
1根紅蘿蔔切片
1個紅椒切絲
320克切成5公分段狀的小白菜

✧雜貨
2大匙花生油
650克新鮮粄條
3大匙蠔油
$1\frac{1}{2}$大匙濃醬油
2小匙糖

✧醃醬
$1\frac{1}{2}$大匙蠔油
2小匙醬油
2粒蒜瓣拍碎
$1\frac{1}{2}$大匙玉米粉

✧搭配
辣椒醬

1 醃漬

將製作醃醬的所有食材放進玻璃容器中，再放入牛肉片，攪拌均勻使牛肉裹覆上醬汁。蓋上保鮮膜，醃漬至少20分鐘。

2 拌炒

以中火將鍋子燒熱，倒入1大匙的油，再將牛肉下鍋拌炒。起鍋後保溫備用。同時利用剩餘的油將紅蘿蔔和紅椒拌炒1到2分鐘。

3 上菜

待蔬菜炒軟後即可將小白菜入鍋，再約炒1分鐘。最後下粄條、牛肉、蠔油、醬油和糖，繼續炒個2分鐘後起鍋。搭配辣椒醬享用。

清蒸臘腸佐黑醋

✧用具
蒸鍋

✧肉類
1包臘腸

✧食材
1粒蒜瓣末
2支青蔥末

✧雜貨
$\frac{1}{2}$小匙香油
3大匙紹興酒
4大匙黑醋
$1\frac{1}{2}$大匙糖

1 蒸

將臘腸放進蒸鍋中，蓋上鍋蓋，以大火蒸 10 分鐘。

2 切

稍微放涼後斜切厚片。

3 調味

取個碗，將蒜末、香油、酒、醋和糖混和均勻。再將微溫的臘腸放進醬汁中拌勻，以蔥花點綴即可。

花椒牛肉炒青蔬

✧肉類

300克菲力牛肉片

✧雜貨

3大匙紹興酒
3大匙淡醬油
2小匙糖
1小匙辣豆瓣醬
1小匙香油
1小匙花椒粒
$1\frac{1}{2}$大匙白胡椒粒
$\frac{1}{2}$小匙鹽
3大匙油

✧食材

$1\frac{1}{2}$大匙新鮮薑末
1根紅辣椒去籽切末
2粒蒜瓣拍碎
3支青蔥末
200克荷蘭豆
200克切成5公分段狀的綠蘆筍

1 醃漬

將紹興酒、醬油、糖、豆瓣醬和香油放進玻璃容器中調勻。糖溶化後即可放進牛肉，並攪拌使牛肉裹上醬汁。覆蓋上保鮮膜醃漬30分鐘。

2 搗碎

以乾鍋將花椒粒翻炒2分鐘。炒出香味後即可下白胡椒和鹽，再一起拌炒1分鐘，然後將所有食材放進缽中搗碎。

3 拌炒

起鍋熱油後將薑末、辣椒末和蒜末爆炒2分鐘。接著將牛肉下鍋拌炒5分鐘至上色。再放進青蔥、荷蘭豆和蘆筍。炒個2分鐘後即可起鍋，使蔬菜仍保有爽脆的口感。

越式肉丸

✧用具
不沾鍋
漏勺

✧肉類
250克豬絞肉

✧食材
1支青蔥末
1粒蒜瓣碎

✧雜貨
1大匙魚露
1大匙紅糖、鹽和新鮮現磨黑胡椒
1大匙葵花油

✧蘸醬
水蘸汁（作法見第27頁）
4片生菜葉
少許香菜葉和九層塔

1 拌

將豬絞肉、魚露、糖、蔥末和蒜碎放進大碗中攪拌均勻。以鹽和胡椒調味後靜置30分鐘。

2 煎

取1大匙分量混和好的食材，搓成肉丸。將肉丸放入抹了少許油的不沾鍋中，煎至金黃熟透。烹調的同時，將已完成的保溫備用。

3 上菜

依照27頁的步驟製作水蘸汁。將肉丸浸泡於醬汁中2分鐘後取出，擺於生菜葉上，佐香菜和九層塔。搭配剩餘的醬汁一起享用。

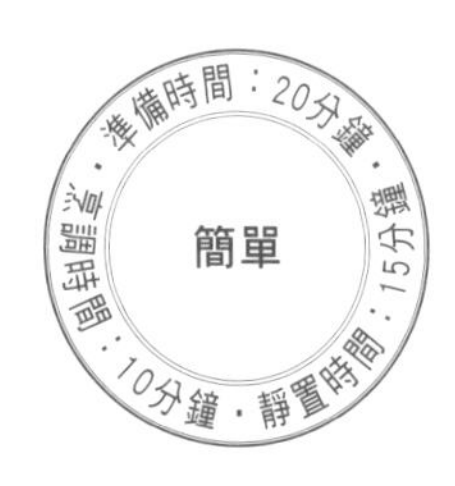

生菜包

✧用具
蒸籠
炒鍋

✧肉類
300克瘦的豬絞肉
1根臘腸

✧食材
1顆萵苣（生菜）
3粒蒜瓣碎
65克洗淨、瀝乾並切碎的荸薺
2支青蔥末

✧雜貨
4朵乾香菇
1 1/2大匙花生油
1/2小匙香油
4大匙雞高湯（作法見第40-41頁）
3大匙蠔油
3大匙紹興酒
1小匙糖

✧蘸醬
醬料隨喜

1 備料

生菜洗淨，小心地將葉子取下。裁切成小碗狀。乾香菇放進碗中，以滾水浸泡10分鐘。泡軟後切去蒂頭，並將香菇切末。

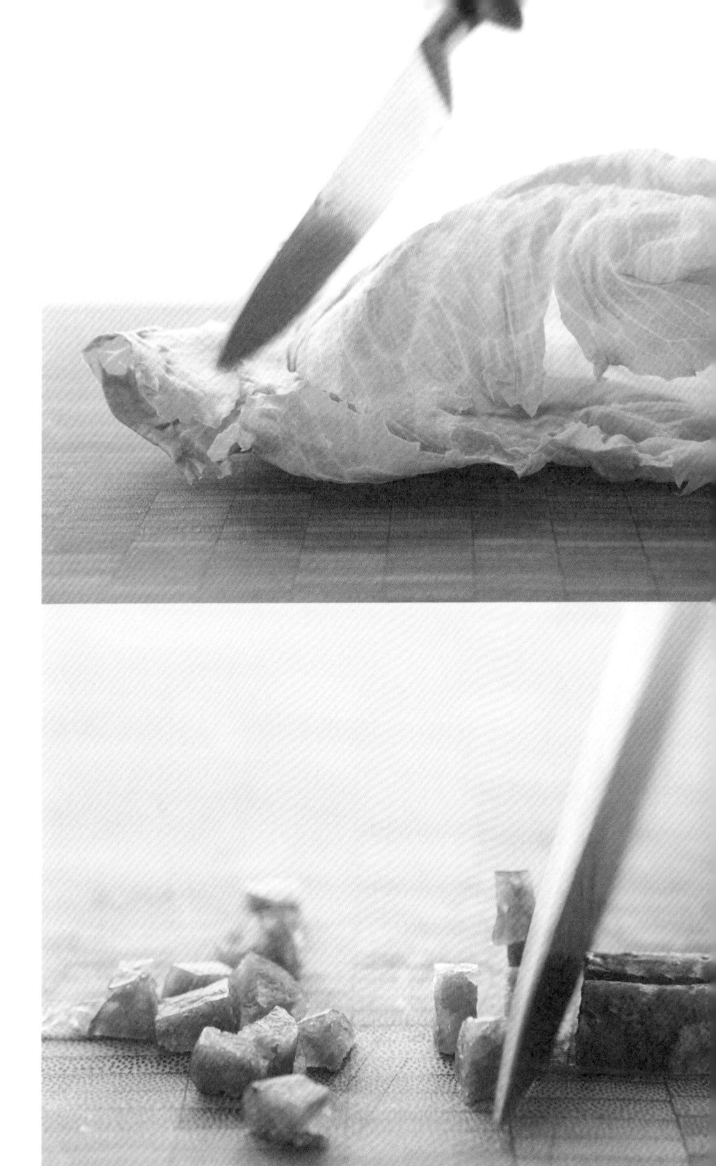

2 切

將臘腸蒸熟，稍微冷卻後切成小丁狀。

3 烹調

香油和花生油燒熱後將豬絞肉下鍋拌炒3分鐘。再將蒜碎、臘腸、荸薺和青蔥入鍋，拌炒3分鐘後倒入高湯、蠔油、酒和糖。煮至沸騰後繼續以大火滾5分鐘；醬汁會稍微收乾。將炒肉末盛入碗中；生菜葉則是排於大盤上。以生菜包覆肉末一起享用。

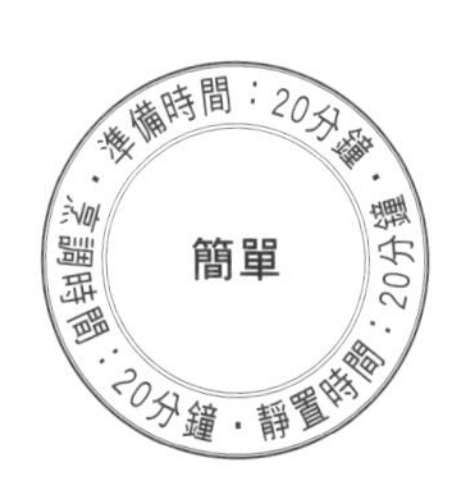

糖醋里肌

✧用具
炒鍋
竹筷

✧肉類
500克切成2公分塊狀的腰內肉

✧食材
1顆小洋蔥切塊
1根中的紅蘿蔔，先縱向剖半後再切成片狀呈半圓形
1/2個去籽切絲的紅甜椒
1根小黃瓜，先縱向剖半後再斜切成厚片

✧雜貨
50克玉米粉
1小撮現磨白胡椒
1/2小匙鹽
1顆蛋
油炸用花生油

✧糖醋醬所需食材
1 1/2大匙油
220克罐頭鳳梨（保留糖漿）
125毫升白醋
3大匙番茄醬
125克細砂糖
1片新鮮薑片，略拍一下
3大匙玉米粉

✧搭配
白飯

1 備料

製作醬料：起鍋熱油，洋蔥入鍋拌炒1分鐘。接著放進紅蘿蔔片、紅甜椒和小黃瓜。煮1到2分鐘後將鳳梨片，連同鳳梨糖漿、醋、番茄醬、糖和薑片下鍋。拌炒至糖溶化後改小火煨2分鐘。
玉米粉和2大匙的水調勻成玉米粉水後倒入鍋中勾芡。取出薑片，並將醬汁保溫備用。

2 裹粉

將玉米粉、鹽、胡椒、蛋液放進碗中混和均勻。再將豬肉放入醬汁中，使豬肉裹覆上醬汁。起鍋以大火燒熱花生油。測試油溫方法：取一支木筷子，垂直插入油鍋中，如果筷子旁起泡，即代表油溫已達油炸溫度。接著，將幾塊豬肉下鍋油炸4分鐘；炸至內熟外酥的程度。

3 瀝油

起鍋後放置於廚房紙巾上吸去多餘的油脂。
將醬汁與豬肉拌合後即可上菜。
也可以先將豬肉盛盤後再澆淋上糖醋醬，外表會較為酥脆。可搭配白飯一起享用。

甜點

甜點｜可做4人份

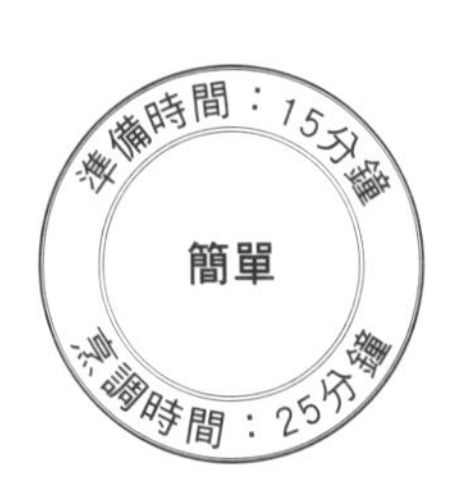

炸香蕉

✧用具
炒鍋
筷子或夾子

✧食材
6根小香蕉

✧雜貨
250克玉米粉
1顆蛋輕輕打散
1小匙油
500毫升油炸用油

✧焦糖漿所需食材
125克細砂糖
2小匙花生油

✧搭配
冰淇淋

1 切

香蕉去皮後從中切半。

2 炸

將玉米粉、蛋液、125毫升的水和1小匙蔬菜油混和成滑順的麵糊。
起鍋熱油。
香蕉裹上麵糊後入鍋油炸約3分鐘，炸至金黃酥脆。放上廚房紙巾吸去多餘油脂，油炸剩餘香蕉的同時，將已完成的保溫備用。

3 煮

製作焦糖：在鍋中放入糖、1大匙水和油。以小火煮至糖溶化，接著繼續煮至沸騰，煮的同時不要攪拌，直到糖呈深褐色。淋在香蕉上，並搭配冰淇淋一起享用。

甜點 ｜ 可做4-6人份

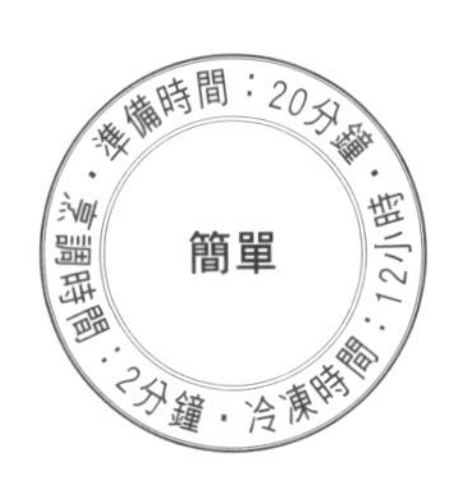

薑汁荔枝冰沙

✧用具
食物調理機
漏勺或網篩
冷凍用金屬平盤

✧食材
3大匙新鮮薑末
60毫升檸檬汁

✧雜貨
1公斤罐頭荔枝
75克細砂糖

✧搭配
新鮮水果（可有可無）

1 攪打

取出荔枝瀝乾，並保留500毫升的糖漿。將荔枝放進食物調理機中攪打成泥，接著利用網篩過濾，並將果泥中的水分壓得愈乾愈好。

2 烹調

將保留下來的荔枝糖漿倒入鍋中，薑末和細砂糖也一起下鍋。以小火將糖煮至溶化後再將火力調大，煮至沸騰。糖漿沸騰後即可離火。倒入檸檬汁，靜置10分鐘，待食材在鍋中融合。將糖漿過篩，過濾掉固體食材（薑末），然後與荔枝泥拌勻。靜置冷卻。

3 冷凍

將食材倒入金屬平盤中，並放進凍箱冷凍，待表面和邊緣結凍。大概需要2個小時。利用叉子刮一刮，然後再放回冷凍庫冷凍。每1到2小時刮一次，使荔枝泥的質地呈冰沙狀。享用前，再利用叉子刮一刮。盛入小玻璃杯中，搭配新鮮水果一起品嘗。

炸冰

✧用具
炒鍋

✧食材
400克香草冰淇淋
40克手指餅乾屑
2個蛋白
125克麵粉
60毫升牛奶
100克麵包粉
油炸用花生油

✧焦糖漿
60克奶油
115克二砂糖或紅糖
250克低脂鮮奶油

1 備料

取8球每球約50克的冰淇淋。放於平盤上，入冷凍庫冷凍2小時。接著取出，滾上一層餅乾粉後再冷凍1小時。

2 拌合

將蛋白打發，不須打到過硬。麵粉、牛奶和60毫升的水放進碗中攪拌均勻。接著，再輕輕地將蛋白拌入麵糊中。將冰淇淋先沾上一層麵糊，再裹上麵包粉。然後放進冷凍庫冷凍2小時。
製作淋醬：奶油入鍋加熱至溶化後下糖，一起攪拌均勻。待糖溶化後，再將鮮奶油入鍋煮5到10分鐘，成為濃稠的焦糖漿。

3 油炸

起鍋熱油，但不要燒至冒煙（否則麵糊會焦掉）。將冰淇淋入鍋油炸至外表金黃酥脆（裡頭的冰淇淋會融化）。趁熱淋上焦糖漿一起品嘗。

甜點 | 可做12個蛋塔

蛋塔

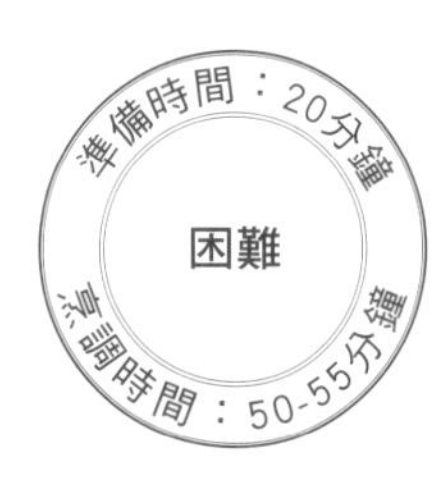

✧用具
網篩或紗布
圓形壓模
瑪芬模
烤盤紙
乾豆子
烤架

✧食材
180克細砂糖
2顆蛋輕輕打散
60毫升牛奶
3張冷凍千層起酥皮

1 過濾

以中火將細砂糖與125毫升的水加熱，並且不斷地攪拌至糖溶化。靜置降溫後將蛋液和牛奶倒入糖水中拌勻。利用網篩或紗布將蛋汁過濾，成為內餡備用。

2 裁切

製作蛋塔內餡的同時，將起酥皮解凍10分鐘。起酥皮如果太軟的話會不好操作。以180度預熱烤箱。利用花邊圓形壓模將起酥皮切出12個圓形。於瑪芬模內塗抹上少許的油，然後將起酥皮放入模型內。再於每片麵皮上放一張方形烤盤紙，並在上面放幾顆乾的豆子，進烤箱烤15分鐘，烤至邊緣微微上色。

3 烘烤

烤好後取出。調低烤箱溫度至150℃。拿掉烤盤紙和豆子，並且將蛋液倒入起酥皮中，但不要倒滿。進烤箱烤30到40分，利用刀尖測試，烤至內餡正好凝固即可。將蛋塔靜置於模型中冷卻5分鐘再脫模。並趁熱品嘗。

詞彙解釋

八角　樣子呈星形，味道極重的香料，一般用來增添高湯和燉煮食材的風味。選擇完整的八角是最好不過的。八角嚐起來帶點茴香和甘草的味道，也是五香粉中的其中一種香料。

大白菜　白菜在粵語中又稱「黃白」，大白菜的葉子在眾多包心菜中屬最嫩的，這大概也是中式料理中最常使用的一種蔬菜，尤其常用於製作春捲、湯品等菜餚，或與麵條中的配菜。中國人也常以白菜鋪底蒸魚。料理大白菜時，先剝去外層較老的菜葉後再做烹調。

大蒜　中式料理中大量使用的食材，帶有辛辣香氣及食療效果，相較於磨成蒜泥，反而更常以蒜末的刀法呈現於菜色中。為湯品或沙拉點綴上少許的炸蒜片，也能替菜餚增添一點精緻度。

五香粉　不同於其名，此種香料有可能包含多達7種不同的香料。有肉桂、八角、丁香、小茴香籽和花椒，有時還可搭配上薑、豆蔻、香菜或橙皮。

冬粉　呈半透明的條狀。用來作為湯品、沙拉和春捲的食材。使用前，將冬粉浸泡於冷水或熱水中使其軟化。製作成沙拉或春捲時，可先裁切成小段後再烹調。

玉米粉　大量使用於中式料理中，作為勾芡用。只須少量，即可創造出濃稠的效果，勾芡後的醬汁也會呈現光亮滑順的質感。先取少許的液體與玉米粉調勻後，再倒入鍋中，並且攪拌至醬汁沸騰且濃稠，不停地攪拌是為了避免不均勻而產生結粒。玉米粉也可作為食材油炸時的裹粉，創造出酥脆的口感。

生薑　新鮮生薑常用於中式料理中，尤其是搭配清蒸料理時，烹調方式可切絲後入到湯品中，或是切末後快炒。使用嫩薑時不須削去外皮。

白醋　是一種以米為主要原料所製成的調味料。不同色澤的醋，用法也有所不同。白醋（透明無色）涼拌，也可替換成蘋果醋。紅醋作為餛飩的蘸醬。黑醋，則大都搭配滷菜一起享用。

竹筍　有新鮮或是真空包裝。新鮮的筍子香味足。清洗乾淨後再做烹調。

速食麵　由小麥粉製成的麵條，超市皆有販賣，只須2分鐘的烹調時間。小包裝，並附上調味包，調味包則非一定要使用。麵條放入滾水中煮軟後將水分瀝乾即可。不須煮得過久，因為那會導致麵條糊掉。

秀珍菇　野生菇菌類，顏色呈乳白，味道細緻。因其易熟的特性，起鍋前再入鍋即可。

豆皮　豆漿沸騰冷卻後，表面凝結所形成出的一層皮。市面上有新鮮與乾燥兩種。乾燥的豆皮使用前須先浸泡於水中還原。包餡後可油炸或清蒸。還可以改刀切塊後入湯或快炒。將豆皮直接油炸後搭配蘸醬一起享用，也是另一種品嘗方式。

豆豉　同於醬油的製作方法所發酵而成的。此種食材可用來做成豉汁料理。將未使用完畢的豆豉放入密封罐中，進冰箱冷藏可保存數個月。

豆腐　有多種不同的形狀和質地。嫩豆腐通常用於料理湯品或甜點。如覺得豆腐過於溼軟，可將豆腐放置於兩塊砧板中間，壓出水分。每天換水以保持豆腐的鮮度。

豆瓣醬　相較於豆豉醬，豆瓣醬帶點甜味，由黃豆以鹽醃漬發酵而成。可增添熱炒、麵條和海鮮料理的風味。超市和傳統市場皆可買得到。

油菜　廣東人又稱「菜心」，通常以快炒、入湯或搭配麵條的方式烹調。翠綠細長又柔軟的菜梗，與軟嫩的菜葉，為其外觀。我們可以輕易分辨油菜與芥藍的區別，就在於芥藍有著黃色的花。油菜的味道也較芥藍來得溫和。

香油　一種大量使用於中式料理中的油品，是由烤過的芝麻壓榨製成，或稱為芝麻油。烹調時使用，上菜時提味。也同樣用於醬汁和醃料中。如希望菜餚中的堅果香淡些，可依個人喜好減少用量。

花椒　花椒籽形似胡椒，但與胡椒並非同屬，而是芸香科灌木的果實。花椒籽稍許拍碎後入鍋乾烘，直到香味散發後再進行烹調。

芥藍　有著粗且綠的莖，和又厚又大的葉子，以及白色的小花。葉子帶有些許苦味。淋上蠔油及香油的「蠔油芥藍」，是中式餐館裡最廣為人知的一道清蒸芥藍菜色。沒有芥藍時，也可以油菜代替。

青江菜　中式料理中的經典蔬菜。如果青江菜很嫩，那就使用葉子的部分，或是整顆清洗後切半，以快炒或清蒸的方式烹調。如果青江菜老了，或葉子部分變得較大，那就使用菜梗部位，切碎後煮湯或快炒。

春捲皮　也稱「潤餅皮」，可於傳統市場或超市購買。有新鮮或冷凍的。如購買冷凍的春捲皮，使用前須先退冰，再小心地將春捲皮分開。

桂皮　又稱肉桂，作為香料使用，扮演替湯品或是滷菜提味的角色。

海鮮醬　海鮮醬因提升了烤鴨的風味而聞名。海鮮醬是以黃豆釀製，還加入了糖、醋、香油和五香粉。通常是用來醃漬食材，當然作為蘸醬，直接食用的風味也是絕佳。

烤肉醬　這是製作叉燒最主要的食材之一（食譜見第132-133頁）。由黃豆、鹽、糖和大蒜所製成的。其著名的外觀就是那介於褐與紅間的顏色。

粄條　在超市和傳統市場皆有販售。購買當天現做的常溫粄條，則須當天使用完畢。冷藏的粄條易碎且易沾黏。如發生這情況，使用前先將粄條置於室溫下回溫。市面上可找到尚未裁切過的完整粄條皮，或是已切成寬條狀的粄條。

乾米紙　形狀多為圓形或正方形，尺寸大小不一。易碎，使用前先以熱水浸泡，使其溼潤軟化。

乾香菇　烹調前先浸泡於熱水中10分鐘，並且切除蒂頭。浸泡香菇的水別倒掉，可替湯品或醬汁增添風味。

乾辣椒　與我們想的有所不同，乾辣椒在中式料理中並非常用食材，除了在四川省外。烹調前先將乾辣椒浸泡於水中，還原後再使用。去除辣椒籽可減低其辣度。

乾燥麵條　外觀如同新鮮麵條般，有多種不同的寬度。雞蛋做成的細麵也稱為「炒麵」，名字的由來，正因這種麵條也是作為炒麵用的麵條。烹調前須先入滾水煮熟。輕輕地將麵條的水分瀝乾後再放入鍋中拌炒。

梅醬　濃稠味甜的醬料，可直接食用，或是入鍋與其他食材一同拌炒。與烤鴨絕配。不同品牌的梅醬，其味道或濃稠度也會有所區別。

紹興酒　是中式料理中最常使用的酒。琥珀的色澤，10年窖藏精釀的老酒。所有商家販售酒精類商品區皆可找到。如果無法取得紹興，那就以黃酒代替。

荸薺　可於超市或傳統市場買到罐頭裝或是新鮮的。罐裝荸薺使用前須先將水分瀝乾。如果以新鮮荸薺入菜，嚐起來的口感和味道絕對比罐頭的來得好。新鮮荸薺烹調前得先去皮，並清洗乾淨。

黑醋　微酸且帶有麥香。也可以說是亞洲的「巴沙米哥醋」，大量使用於醃漬和燉煮料理中。如果沒有黑醋，則可使用巴沙米哥醋或麥芽醋代替。

新鮮香菇　在傳統市場或超市很容易買到。選擇肥厚未發霉的。購買後將它們從包裝袋中取出，放入紙袋中，冷藏保存於冰箱內。以炒、滷、涼拌的方式烹調，味美。新鮮香菇所散發的香氣有別於乾燥的。

新鮮福建麵　由小麥粉所製而成，常以拌炒的烹調方式料理。也因福建麵為熟麵，所以烹調前不須先行煮熟。將麵條抖散後即可入鍋。

新鮮雞蛋麵　有多種不同的粗細度。細麵主要是做成湯品。炒麵和湯麵料理也同等美味。新鮮的麵條所需的烹煮時間短。烹調湯品時，將麵條直接下鍋，如製作其他料理時，先將麵條放入滾水中，待鍋中的水再次沸騰時，即可取出麵條並輕輕地瀝乾水分。別太早就先將麵條煮好，麵條會在冷卻的過程中互相沾黏。麵條煮好時，淋上少許的蔬菜油，可防止沾黏的情況發生。

蒜苗　扁平的葉子，帶有些許蒜味。蒜苗購買時底部通常還會有著球莖。搭配煎蛋和快炒類菜餚，非常美味。

辣豆瓣醬　四川省的特產。由蠶豆和辣椒發酵製成。特別辣，得斟酌用量。也可以其他辣椒醬代替。

辣油　可自製。只須將125毫升花生油入鍋燒至冒煙，再將1大匙乾辣椒粉放入油中，靜置冷卻後過濾即可。在販售香料食材區可見現成的辣油。依據辣度斟酌使用。

餃子皮　以麵粉和水製成的圓扁狀麵皮。此種麵皮主要是用來包餃子，通常以豬肉為內餡。可在傳統市場或超市找到。餃子皮烹調時會脹大。相較於餛飩皮，餃子皮多了點黏性。沒有餃子皮時也可以餛飩皮代替。

餛飩皮　外觀呈方或圓，顏色有黃有白。包覆餡料後做成餛飩，可蒸可炸。黃色的麵皮含有蛋的成分：這通常也是用來製作燒賣的麵皮。可在傳統市場或是超市買到。

醬油　由黃豆發酵釀製，是中式美食中所不可或缺的調味料。分為淡醬油和濃醬油。前者與拌炒、麵類、湯品或醬汁等料理絕配；後者質地較濃且顏色較深，用於滷、燉湯、醃漬等用途。

臘腸　由豬肉製成的香腸，由少許的糖調味。以拌炒或清蒸的方式烹調，搭配白飯，佐上醬汁，一起品嘗。也可單獨搭配醬汁，作為配菜享用。冷凍保存可維持許久的時間。

蠔油　大量用於廣東料理中。是一種味重且濃稠的醬料，由生蠔精華、糖、鹽、焦糖和麵粉所製成。可直接作為蘸醬食用，或入菜入麵替菜色增香。另外，也有以香菇所製成的香菇素蠔油。

常用索引

國家圖書館出版品預行編目（CIP）資料

中式料理三步驟 / 裘蒂・凡賽蘿（Jody Vassallo）編著.
-- 初版. -- 新北市 : 和平國際文化,
2015.02 面； 公分
譯自 : Cuisiner chinois pas a pas
ISBN 978-986-371-006-6（平裝）

1.食譜 2.中國

427.11 103019391

中式料理三步驟

作　　者 裘蒂・凡賽蘿（Jody Vassallo）
攝　　影 德特・魯尼（Deirdre Rooney）
譯　　者 高育甯
總 編 輯 吳淑芬
責任編輯 薛如鈞
校　　對 郭承宜
封面設計 林志鴻
排　　版 巧研有限公司
法律顧問 朱應翔 律師
滙利國際商務法律事務所
台北市敦化南路二段76號6樓之1
電話：886-2-2700-7560
法律顧問 徐立信 律師
出版發行 和平國際文化有限公司
235 新北市中和區中山路二段 350 號 5 樓
電話：886-2-2226-3070
傳真：886-2-2226-0198
總　經　銷 昶景國際文化有限公司
236 新北市土城區民族街 11 號 3 樓
電話：886-2-2269-6367
傳真：886-2-2269-0299
E-mail：service@168books.com.tw
初版一刷 2015 年 2 月
歡迎優秀出版社加入總經銷行列
香港總經銷：和平圖書有限公司
地　　址：香港柴灣嘉業街 12 號百樂門大廈 17 樓
電　　話：852-2804-6687
傳　　真：852-2804-6409